三农热点面对面丛书

食品安全知识问答

张利国　主编

中国农业出版社

图书在版编目（CIP）数据

食品安全知识问答/张利国主编．—北京：中国农业出版社，2011.9
（三农热点面对面丛书）
ISBN 978-7-109-16062-0

Ⅰ.①食… Ⅱ.①张… Ⅲ.①食品安全–问题解答 Ⅳ.①TS201.6-44

中国版本图书馆 CIP 数据核字（2011）第 186198 号

中国农业出版社出版
（北京市朝阳区农展馆北路 2 号）
（邮政编码 100125）
责任编辑　闫保荣

中国农业出版社印刷厂印刷　　新华书店北京发行所发行
2011 年 10 月第 1 版　　2011 年 10 月北京第 1 次印刷

开本：850mm×1168mm　1/32　　印张：6.5
字数：96 千字　　印数：1～5 000 册
定价：15.00 元

主　编　张利国

副主编　钟丽平　王慧芳

编　委　常建峰　李玉革　王　凯

　　　　　帅国让　房连伟　吴建龙

出版说明

“三农”问题是党和国家工作的重中之重，在不同时期表现出不同的热点难点。围绕这些热点难点，自2004年以来，党中央连续发布了8个“三农”问题的一号文件，不断推动“三农”工作。

当前“三农”热点难点问题主要有：如何推进农业现代化，如何加快新农村建设，如何统筹城乡发展，如何发展现代农业，如何加快农村基础设施建设和公共服务，如何拓宽农民增收渠道，如何完善农村发展的体制机制以及农民工转移就业、农村生态安全、农产品质量安全，等等。这些问题是一个复杂的社会问题，解决“三农”问题需要社会各界的共同努力。中国农业出版社积极响应党中央和农业部号召，围绕中心、服务大局，立足“三农”发展现实需求，围绕“三农”热点难点问题，坚持“三贴近”原则，面向基层农业行政、科技推广、乡村干部和广大农民，组织专家撰写了《三农热点面对面丛书》。

本丛书紧密联系我国农业、农村形势的新变

化，重点围绕发展现代农业和推进社会主义新农村建设，对当前农民和农村干部普遍关注的党的强农惠农政策、农业生产、乡村管理，农民增收和社会保障以及新技术应用等热点难点问题，采用专家与读者面对面交流的形式，理论联系实际，进行深入浅出的回答，观点准确、说理透彻，文字生动、事例鲜活，图文并茂、通俗易懂，具有较强的针对性和说服力。在运作方式上，根据理论联系实际的要求，针对“三农”问题的阶段性特点，分期分批组织实施。丛书突出科学性、针对性、实用性，力求用新技术、新观点、新形式，达到“贴近农业实际、贴近农村生活、贴近农民群众”的要求。

本丛书是广大基层干部、农民和农业院校师生学习和了解理论和形势政策的重要辅助材料，也是社会各界了解“三农”问题的重要窗口。希望本丛书的出版对推动“三农”工作的开展和“三农”问题的研究提供有力的智力支持，也希望广大读者提出好的意见和建议，以便我们更好地改进工作，服务“三农”。

2011年6月

CONTENTS 目录

第八章　食物中毒相关知识 / 155

第一章 《食品安全法》相关知识

1.《食品安全法》是何时通过、何时实施的？

答：2009 年 2 月 28 日，中华人民共和国第十一届全国人民代表大会常务委员会第七次会议通过了《中华人民共和国食品安全法》，自 2009 年 6 月 1 日起施行。

2.《食品安全法》的适用范围有哪些？

答：根据《食品安全法》第二条规定，《食品安全法》的适用范围是：

（1）食品生产和加工（以下称食品生产），食品流通和餐饮服务（以下称食品经营）；

（2）食品添加剂的生产经营；

（3）用于食品的包装材料、容器、洗涤剂、消毒剂和用于食品生产经营的工具、设备（以下称食品相关产品）的生产经营；

（4）食品生产经营者使用食品添加剂、食品相关产品；

（5）对食品、食品添加剂和食品相关产品的安全管理。

供食用的源于农业的初级产品（以下称食用农产品）的质量安全管理，遵守《中华人民共和国农产品质量安全法》的规定。但是，制定有关食用农产品的质量安全标准、公布食用农产品安全有关信息，应当遵守《食品安全法》的有关规定。

3. 国务院负责食品安全监管工作的部门有哪些？它们是如何分工的？

答：根据《食品安全法》第四条规定，国务院卫生行政部门承担食品安全综合协调职责，负责食品安全风险评估、食品安全标准制定、食品安全信息公布、食品检验机构的资质认定条件和检验规范的制定，组织查处食品安全重大事故。

国务院质量监督、国家食品药品监督管理部门和工商行政管理依照《食品安全法》和国务院规定的职责，分别对食品生产、餐饮服务活动、食品流通实施监督管理。

4. 县级以上地方人民政府是如何进行食品安全监督管理的？

答：根据《食品安全法》第五条规定，县级以上地方人民政府依照《食品安全法》和国务院的规定确定本级卫生行政、农业行政、质量监督、工商行政管理、食品药品监督管理部门的食品安全监督管理职责。有关部门在各自职责范围内负责本行政区域的食品安全监督管理工作。上级人民政府所属部门在下级行政区域设置的机构应当在所在地人民政府的统一组织、协调下，依法做好食品安全监督管理工作。

5. 县级以上食品安全监管部门履行职责时有权采取哪些措施？

答：根据《食品安全法》第七十七条规定，县级以上质量监督、工商行政管理、食品药品监督管理部门履行各自食品安全监督管理职责，有权采取下列措施：

（1）进入生产经营场所实施现场检查；

（2）对生产经营的食品进行抽样检验；

（3）查阅、复制有关合同、票据、账簿以及其他有关资料；

（4）查封、扣押有证据证明不符合食品安全标准的食品，违法使用的食品原料、食品添加剂、食品相关产品，以及用于违法生产经营或者被污染的工具、设备；

（5）查封违法从事食品生产经营活动的场所。

县级以上农业行政部门应当依照《中华人民共和国农产品质量安全法》规定的职责，对食用农产品进行监督管理。

6. 谁有权举报食品生产经营中违反《食品安全法》的行为？

答：根据《食品安全法》第十条规定，任何个人或者组织有权举报食品生产经营中违反《食品安全法》的行为，有权向有关部门了解食品安全信息，对食品安全监督管理工作提出意见和建议。

7. 食品生产经营除应当符合食品安全标准外，还应符合哪些要求？

答：根据《食品安全法》第二十七条规定，食品生产经营应当符合食品安全标准，并符合下列要求：

（1）具有与生产经营的食品品种、数量相适应的食品原料处理和食品加工、包装、贮存等场所，保持该场所环境整洁，并与有毒、有害场所以及其他污染源保持规定的距离；

（2）具有与生产经营的食品品种、数量相适应的生产经营设备或者设施，有相应的消毒、更衣、盥洗、采光、照明、通风、防腐、防尘、防蝇、防鼠、防虫、洗涤以及处理废水、存放垃圾和废弃物的设备或者设施；

（3）有食品安全专业技术人员、管理人员和保证食品安全的规章制度；

（4）具有合理的设备布局和工艺流程，防止待加工食品与直接入口食品、原料与成品交叉污染，避免食品接触有毒物、不洁物；

（5）餐具、饮具和盛放直接入口食品的容器，使用前应当洗净、消毒，炊具、用具用后应当洗净，保持清洁；

（6）贮存、运输和装卸食品的容器、工具和设备应当安全、无害，保持清洁，防止食品污染，并符合保证食品安全所需的温度等特殊要求，不得将食品与有毒、有害物品一同运输；

（7）直接入口的食品应当有小包装或者使用无

毒、清洁的包装材料、餐具；

（8）食品生产经营人员应当保持个人卫生，生产经营食品时，应当将手洗净，穿戴清洁的工作衣、帽；销售无包装的直接入口食品时，应当使用无毒、清洁的售货工具；

（9）用水应当符合国家规定的生活饮用水卫生标准；

（10）使用的洗涤剂、消毒剂应当对人体安全、无害；

（11）法律、法规规定的其他要求。

8.《食品安全法》禁止生产经营哪些食品？

答：根据《食品安全法》第二十八条规定，禁止生产经营下列食品：

（1）用非食品原料生产的食品或者添加食品添加剂以外的化学物质和其他可能危害人体健康物质的食品，或者用回收食品作为原料生产的食品；

（2）致病性微生物、农药残留、兽药残留、重金属、污染物质以及其他危害人体健康的物质含量超过食品安全标准限量的食品；

（3）营养成分不符合食品安全标准的专供婴幼儿和其他特定人群的主辅食品；

（4）腐败变质、油脂酸败、霉变生虫、污秽不洁、混有异物、掺假掺杂或者感官性状异常的食品；

（5）病死、毒死或者死因不明的禽、畜、兽、水产动物肉类及其制品；

（6）未经动物卫生监督机构检疫或者检疫不合格的肉类，或者未经检验或者检验不合格的肉类制品；

（7）被包装材料、容器、运输工具等污染的食品；

（8）超过保质期的食品；

（9）无标签的预包装食品；

（10）国家为防病等特殊需要明令禁止生产经营的食品；

（11）其他不符合食品安全标准或者要求的食品。

9. 国家对食品生产经营实行什么制度？

答：根据《食品安全法》第二十九条规定，国家对食品生产经营实行许可制度。从事食品生产、食品流通、餐饮服务的经营者应当依法取得食品生产许可、食品流通许可、餐饮服务许可。

10. 农民个人销售其自产的食用农产品是否需要取得食品流通许可？

答：根据《食品安全法》第二十九条规定，农民个人销售自己产的食用农产品，不需要取得食品流通许可。

11. 食品安全风险监测制度如何建立？

答：根据《食品安全法》第十一条规定，国家建立食品安全风险监测制度，对食源性疾病、食品污染以及食品中的有害因素进行监测。国务院卫生行政部门会同国务院有关部门制定、实施国家食品安全风险监测计划。省、自治区、直辖市人民政府卫生行政部门根据国家食品安全风险监测计划，结合本行政区域的具体情况，组织制定、实施本行政区域的食品安全风险监测方案。

12. 食品安全风险评估工作如何进行？

答：根据《食品安全法》第十三条规定，国务院卫生行政部门负责组织食品安全风险评估工作，成立由医学、农业、食品、营养等方面的专家组成的食品安全风险评估专家委员会进行食品安全风险评估。

13. 食品生产经营者是否需要同时取得食品生产、流通和餐饮服务许可？

答：根据《食品安全法》第二十九条规定，国家对食品生产经营实行许可制度。从事食品生产、食品流通、餐饮服务，应当依法取得食品生产许可、食品流通许可、餐饮服务许可。但取得食品生产许可的食品生产者在自己的生产场所里销售自己生产的食品，不需要再办理食品流通的许可；取得餐饮服务许可的餐饮服务提供者在自己的餐饮服务场所出售自己制作加工的食品，不需要再办理食品生产和流通的许可。

14. 食品生产经营者能否在食品中添加药品？

答：根据《食品安全法》第五十条规定，生产经营的食品中不得添加药品，但是可以添加按照传统既是食品又是中药材的物质。按照传统既是食品又是中药材的物质的目录由国务院卫生行政部门制定、公布。

15. 如何对食品生产加工小作坊和食品摊贩进行生产经营管理？

答：根据《食品安全法》第二十九条规定，食品生产加工小作坊和食品摊贩从事食品生产经营活动，应当符合《食品安全法》规定的与其生产经营规模、条件

相适应的食品安全要求，保证所生产经营的食品卫生、无毒、无害，有关部门应当对其加强监督管理，具体管理办法由省、自治区、直辖市人民代表大会常务委员会依照《食品安全法》制定。

16. 食品生产企业进货查验记录制度的主要内容是什么？记录保存期限是多少年？

答：根据《食品安全法》第三十六条规定，食品生产企业应当建立食品原料、食品添加剂、食品相关产品进货查验记录制度，如实记录食品原料、食品添加剂、食品相关产品的名称、规格、数量、供货者名称及联系方式、进货日期等内容。

食品原料、食品添加剂、食品相关产品进货查验记录应当真实，保存期限不得少于二年。

17. 食品生产企业出厂检验记录制度的主要内容是什么？记录保存期限是多少年？

答：根据《食品安全法》第三十七条规定，食品生产企业应当建立食品出厂检验记录制度，查验出厂食品的检验合格证和安全状况，并如实记录食品的名称、规格、数量、生产日期、生产批号、检验合格证号、购货者名称及联系方式、销售日期等内容。

食品出厂检验记录应当真实，保存期限不得少于二年。

18. 食品经营者进行采购时，必须查验供货者的哪些文件？

答：根据《食品安全法》第三十九条规定，食品经营者采购食品时，应当查验供货者的许可证和食品合格的证明文件。

19. 食品经营者进货查验记录制度的主要内容是什么？记录保存期限是多少年？

答：根据《食品安全法》第三十九条规定，食品经营企业应当建立食品进货查验记录制度，如实记录食品的名称、规格、数量、生产批号、保质期、供货者名称及联系方式、进货日期等内容。

食品进货查验记录应当真实，保存期限不得少于二年。

20. 食品经营者贮存食品应尽什么义务？

答：根据《食品安全法》第四十条规定，食品经营者应当按照保证食品安全的要求贮存食品，定期检查库存食品，及时清理变质或者超过保质期的食品。

21. 食品经营者贮存、销售散装食品应当遵守哪些规定？

答：根据《食品安全法》第四十一条规定，食品经营者贮存散装食品，应当在贮存位置标明食品的名称、生产日期、保质期、生产者名称及联系方式等内容。食品经营者销售散装食品，应当在散装食品的容器、外包装上标明食品的名称、生产日期、保质期、生产经营者名称及联系方式等内容。

22. 哪些人员不得从事接触直接入口食品的工作？

答：根据《食品安全法》第三十四条规定，食品生产经营者应当建立并执行从业人员健康管理制度。患有痢疾、伤寒、病毒性肝炎等消化道传染病的人员，以及患有活动性肺结核、化脓性或者渗出性皮肤病等有碍食品安全的疾病的人员，不得从事接触直接入口食品的工作。食品生产经营人员每年应当进行健康检查，取得健康证明后方可参加工作。

23. 安排患有《食品安全法》所列疾病人员从事接触直接入口食品工作的应如何处罚？

答：根据《食品安全法》第八十七条规定，安排患有《食品安全法》所列疾病人员从事接触直接入口食品工作的，应由有关主管部门按照各自职责分工，责令改正，给予警告；拒不改正的，处二千元以上二万元以下罚款；情节严重的，责令停产停业，直至吊销许可证。

24. 食品广告的内容是否可以涉及疾病预防、治疗功能？

答：根据《食品安全法》第五十四条规定，食品广告的内容应当真实合法，不得含有虚假、夸大的内容，不得涉及疾病预防、治疗功能。

25. 在广告中对食品质量作虚假宣传，欺骗消费者的，如何处罚？

答：根据《食品安全法》第九十四条规定，违反《食品安全法》规定，在广告中对食品质量作虚假宣传，欺骗消费者的，依照《中华人民共和国广告法》的规定给予处罚。

违反《食品安全法》规定，食品安全监督管理部门或者承担食品检验职责的机构、食品行业协会、消费者协会以广告或者其他形式向消费者推荐食品的，由有关主管部门没收违法所得，依法对直接负责的主管人员和其他直接责任人员给予记大过、降级或者撤职的处分。

26. 谁对食品检验报告负责？

答：根据《食品安全法》第五十九条规定，食品检验实行食品检验机构与检验人负责制。食品检验报告应当加盖食品检验机构公章，并有检验人的签名或者盖章。

27. 乳品、转基因食品、生猪屠宰、酒类和食盐的食品安全应当如何管理？

答：根据《食品安全法》第一百零一条规定，乳品、转基因食品、生猪屠宰、酒类和食盐的食品安全管理，适用《食品安全法》；法律、行政法规另有规定的，依照其规定。

28. 违法者的财产不足以同时支付民事赔偿责任和缴纳罚款、罚金时，应如何处理？

答：根据《食品安全法》第九十七条规定，违反《食品安全法》规定，应当承担民事赔偿责任和缴纳罚款、罚金，其财产不足以同时支付时，先承担民事赔偿责任。

29. 生产或销售明知是不符合食品安全标准的食品的，应承担什么法律责任？

答：根据《食品安全法》第九十六条规定，生产不符合食品安全标准的食品或者销售明知是不符合食品安全标准的食品，消费者除要求赔偿损失外，还可以向生产者或者销售者要求支付价款十倍的赔偿金。

30. 违反《食品安全法》规定，造成人身、财产或其他损害，应承担什么法律责任？

答：根据《食品安全法》第九十六条规定，违反《食品安全法》规定，造成人身、财产或者其他损害的，依法承担赔偿责任。

31. 未经许可从事食品生产经营或者生产食品添加剂的，如何处罚？

答：根据《食品安全法》第八十四条规定，违反《食品安全法》规定，未经许可从事食品生产经营活动，或者未经许可生产食品添加剂的，由有关主管部门按照各自职责分工，没收违法所得、违法生产经营的食品、食品添加剂和用于违法生产经营的工具、设备、原料等物品；违法生产经营的食品、食品添加剂货值金额不足一万元的，并处二千元以上五万元以下罚款；货值金额一万元以上的，并处货值金额五倍以上十倍以下罚款。

32. 生产经营无标签的预包装食品、食品添加剂或者标签、说明书不符合规定的食品、食品添加剂的，如何处罚？

答：根据《食品安全法》第八十六条规定，生产经营无标签的预包装食品、食品添加剂或者标签、说明书不符合规定的食品、食品添加剂的，应由有关主管部门按照各自职责分工，没收违法所得、违法生产经营的食品和用于违法生产经营的工具、设备、原料等物品；违法生产经营的食品货值金额不足一万元的，并处二千元以上五万元以下罚款；货值金额一万元以上的，并处货值金额二倍以上五倍以下罚款；情节严重的，责令停产停业，直至吊销许可证。

33. 食品生产、流通或餐饮服务许可证被吊销，单位直接主管人员应承担什么责任？

答：根据《食品安全法》第九十二条规定，被吊销食品生产、流通或者餐饮服务许可证的单位，其直接负责的主管人员自处罚决定做出之日起五年内不得从事食品生产经营管理工作。

34. 县级以上食品安全监管部门接到乳品安全国家标准的咨询、投诉、举报应如何处理？

答：根据《食品安全法》第十条和第八十条规定，消费者有权举报食品生产经营中违反乳品安全国家标准的行为。县级以上卫生行政、质量监督、工商行政管理、食品药品监督管理部门接到乳品安全国家标准的咨询、投诉、举报，对属于本部门职责的，应当受理，并及时进行答复、核实、处理；

对不属于本部门职责的，应当书面通知并移交有权处理的部门处理。

35. 食品生产者和经营者发现其生产、经营的食品不符合食品安全标准时应如何处理？

答：根据《食品安全法》第五十三条规定，食品生产者发现其生产的食品不符合食品安全标准，应当立即停止生产，召回已经上市销售的食品，通知相关生产经营者和消费者，并记录召回和通知情况。食品经营者发现其经营的食品不符合食品安全标准，应当立即停止经营，通知相关生产经营者和消费者，并记录停止经营和通知情况。食品生产者认为应当召回的，应当立即召回。食品生产者应当对召回的食品采取补救、无害化处理、销毁等措施，并将食品召回和处理情况向县级以上质量监督部门报告。食品生产经营者未依照本条规定召回或者停止经营不符合食品安全标准的食品的，县级以上质量监督、工商行政管理、食品药品监督管理部门可以责令其召回或者停止经营。

36. 食品行业协会在食品安全中应该履行哪些义务？

答：根据《食品安全法》第七条规定，食品行业协会应该履行以下义务：

（1）加强行业自律，推动行业诚信建设；

（2）食品行业协会应当积极引导食品生产经营者依法生产经营；

（3）食品行业协会应当宣传、普及食品安全知识。

37. 国务院卫生行政部门统一公布哪些食品安全信息？

答：根据《食品安全法》第八十二条规定，国家建立食品安全信息统一公布制度。下列信息由国务院卫生行政部门统一公布：

（1）国家食品安全总体情况；

（2）食品安全风险评估信息和食品安全风险警示信息；

（3）重大食品安全事故及其处理信息；

（4）其他重要的食品安全信息和国务院确定的需要统一公布的信息。

38. 如何建立食品生产经营者食品安全信用档案？

答：根据《食品安全法》第七十九条规定，县级以上质量监督、工商行政管理、食品药品监督管理部门应当建立食品生产经营者食品安全信用档案，记录许可颁发、日常监督检查结果、违法行为查处等情况；根据食品安全信用档案的记录，对有不良信用记录的食品生产经营者增加监督检查频次。

39. 县级以上卫生行政部门接到食品安全事故的报告后应如何处理？

答：根据《食品安全法》第七十二条规定，县级以上卫生行政部门接到食品安全事故的报告后，应当立即会同有关农业行政、质量监督、工商行政管理、食品药品监督管理部门进行调查处理，并采取下列措施，防止或者减轻社会危害：

（1）开展应急救援工作，对因食品安全事故导致人身伤害的人员，卫生行政部门应当立即组织救治；

（2）封存可能导致食品安全事故的食品及其原料，并立即进行检验；对确认属于被污染的食品及其原料，责令食品生产经营者依照本法第五十三条的规定予以召回、停止经营并销毁；

（3）封存被污染的食品用工具及用具，并责令进行清洗消毒；

（4）做好信息发布工作，依法对食品安全事故及其处理情况进行发布，并对可能产生的危害加以解释、说明。

发生重大食品安全事故的，县级以上人民政府应当立即成立食品安全事故处置指挥机构，启动应急预案，依照前款规定进行处置。

40. 食品安全监督管理部门对食品能否实施免检？

答：根据《食品安全法》第七十二条规定，食品安全监督管理部门对食品不得实施免检。

41. 国家对声称具有特定保健功能的食品如何监管？

答：根据《食品安全法》第五十一条规定，国家对声称具有特定保健功能的食品实行严格监管。有关监督管理部门应当依法履职，承担责任。具体管理办法由国务院规定。

声称具有特定保健功能的食品不得对人体产生急性、亚急性或者慢性危害，其标签、说明书不得涉及疾病预防、治疗功能，内容必须真实，应当载明适宜人群、不适宜人群、功效成分或者标志性成分及其含量等；产品的功能和成分必须与标签、说明书相一致。

42. 预包装食品的包装上的标签应当标明哪些事项？

答：根据《食品安全法》第四十二条规定，预包装食品的包装上应当有标签。标签应当标明下列事项：

（1）名称、规格、净含量、生产日期；

（2）成分或者配料表；

（3）生产者的名称、地址、联系方式；

（4）保质期；

（5）产品标准代号；

（6）贮存条件；

（7）所使用的食品添加剂在国家标准中的通用名称；

（8）生产许可证编号；

（9）法律、法规或者食品安全标准规定必须标明的其他事项。

43. 县级以上地方人民政府在食品安全监督管理中未履行职责如何处理？

答：根据《食品安全法》第九十五条规定，违反《食品安全法》规定，县级以上地方人民政府在食品安全监督管理中未履行职责，本行政区域出现重大食品安全事故、造成严重社会影响的，依法对直接负责的主管人员和其他直接责任人员给予记大过、降级、撤职或者开除的处分。

违反本法规定，县级以上卫生行政、农业行政、质量监督、工商行政管理、食品药品监督管理部门或者其他有关行政部门不履行本法规定的职责或者滥用职权、玩忽职守、徇私舞弊的，依法对直接负责的主管人员和其他直接责任人员给予记大过或者降级的处分；造成严重后果的，给予撤职或者开除的处分；其主要负责人应当引咎辞职。

第二章　食品质量安全认证相关知识

1. 什么是无公害农产品？

答：按照农业部和国家质量监督检验检疫总局发布的《无公害农产品管理办法》第一章第二条的定义，无公害农产品是指产地环境、生产过程和产品质量符合国家有关标准和规范的要求，经认证合格获得认证证书并允许使用无公害农产品标志的未经加工或者初加工的食用农产品。

2. 无公害农产品认证是由哪个部门负责的？

答：无公害农产品认证分为产地认定和产品认证两部分，获得产地认定证书后才能申请产品认证。产地认定由省级农业行政主管部门组织实施，产品认证由农业部农产品质量安全中心组织实施。

3. 无公害农产品必须达到哪些要求？

答：无公害农产品必须达到以下要求：

（1）产地生态环境质量必须达到农产品安全生产要求；

（2）必须按照无公害农产品管理部门规定的生产方式进行生产；

（3）产品必须对人体安全、符合有关卫生标准；

（4）无公害农产品的品质还应是优质的；

（5）必须取得无公害农产品管理部门颁发的标志或证书。

4. 无公害农产品的标志由哪些部门制定和发布？

答：无公害农产品的标志是由农业部和国家认证认可监督管理委员会联合制定并发布的。

5. 无公害农产品的标志是什么样的？其含义是什么？

答：无公害农产品标志是由麦穗、对勾和无公害农产品字样组成，标志整体为绿色，其中麦穗与对勾为金色。绿色象征环保和安全，金色寓意成熟和丰收，麦穗代表农产品，对勾表示合格。

6. 无公害农产品产地认定的申请人应当提交的材料有哪些？

答：根据《无公害农产品管理办法》第十四条规定，申请无公害农产品产地认定的单位或者个人（以下简称申请人），应当向县级农业行政主管部门提交书面申请，书面申请应当包括以下内容：

（1）申请人的姓名（名称）、地址、电话号码；

（2）产地的区域范围、生产规模；

（3）无公害农产品生产计划；

（4）产地环境说明；

（5）无公害农产品质量控制措施；

（6）有关专业技术和管理人员的资质证明材料；

（7）保证执行无公害农产品标准和规范的声明；

（8）其他有关材料。

7. 无公害农产品认证的申请人应当提交的材料有哪些？

答：根据《无公害农产品管理办法》第二十二条规定，申请无公害产品认证的单位或者个人（以下简称申请人），应当向认证机构提交书面申请，书面申请应当包括以下内容：

（1）申请人的姓名（名称）、地址、电话号码；

（2）产品品种、产地的区域范围和生产规模；

（3）无公害农产品生产计划；

（4）产地环境说明；

（5）无公害农产品质量控制措施；

（6）有关专业技术和管理人员的资质证明材料；

（7）保证执行无公害农产品标准和规范的声明；

（8）无公害农产品产地认定证书；

（9）生产过程记录档案；

（10）认证机构要求提交的其他材料。

8. 申请无公害农产品认证费用是多少？

答：根据《无公害农产品管理办法》第四十条规定，从事无公害农产品产地认定的部门和产品认证的机构不得收取费用。检测机构的检测、无公害农产品标志按国家规定收取费用。

9. 无公害农产品的生产管理应当符合哪些条件？

答：根据《无公害农产品管理办法》第十条规定，无公害农产品的生产管理应当符合下列条件：

（1）生产过程符合无公害农产品生产技术的标准要求；

（2）有相应的专业技术和管理人员；

（3）有完善的质量控制措施，并有完整的生产和销售记录档案。

10. 什么是绿色食品？

答：在无污染的生态环境中种植及全过程标准化生产或加工的农产品，严格控制其有毒有害物质含量，使之符合国家健康安全食品标准，并经专门机构认定，许可使用绿色食品标志的食品。我国规定绿色食品分为A级和AA级两类。

11. A级绿色食品与AA级绿色食品有什么不同？

答：(1) A级绿色食品：是指生产产地的环境符合NY/T 391－2000的要求，在生产过程中严格按照绿色食品生产资料使用准则和生产操作规程要求，限量使用限定的化学合成生产资料，产品质量符合绿色食品产品标准，经专门机构认定，许可使用A级绿色食品标志的产品；

(2) AA级绿色食品：是指生产环境符合中国农业部《绿色食品产地环境技术条件》NY/T391－2000的要求，生产过程中不使用任何有害化学合成物质，按特定的生产操作规程生产、加工，产品质量及包装经检测、检查符合特定标准，经中国绿色食品发展中心认定并允许使用AA级绿色食品标志的产品，AA级绿色食品基本可以等同于有机食品。

12. 绿色食品的标志是什么样的？其含义是什么？

答：绿色食品标志的图形由3个部分构成，即上方的太阳、下方的叶片和中心的蓓蕾，象征自然生态。颜色为绿色，象征着生命、农业、环保。图形为正圆形，意为保护和安全。

A级绿色食品标志字体为白色，底色为绿色；AA级绿色食品标志与字体为绿色，底色为白色，如下图所示。

A级绿色食品标志

AA级绿色食品标志

13. 申请在产品上使用绿色食品标志的程序是怎么样的？

答：根据《绿色食品标志管理办法》第六条规定，申请在产品上使用绿色食品标志的程序如下：

（1）申请人填写《绿色食品标志使用申请书》一式两份（含附报材料），报所在省（自治区、直辖市、计划单列市，下同）绿色食品管理部门；

（2）省绿色食品管理部门委托通过省级以上计量认证的环境保护监测机构，对该项产品或产品原料的产地进行环境评价；

（3）省绿色食品管理部门对申请材料进行初审，并将初审合格的材料报中国绿色食品发展中心；

（4）中国绿色食品发展中心会同权威的环境保护机构，对上述材料进行审核，合格的由中国绿色食品发展中心指定的食品监测机构对其申报产品进行抽样、并依据绿色食品质量和卫生标准进行检测；对不合格的，当年不再受理其申请；

（5）中国绿色食品发展中心对质量和卫生检测合格的产品进行综合审查（含实地核查），并与符合条件的申请人签订“绿色食品标志使用协议”；由农业部颁发绿色食品标志使用证书及编号；报国家工商行政管理局商标局备案，同时公告于众。对卫生检测不合格的产品，当年不再受理其申请。

14. 获得绿色食品标志使用权的产品，必须同时符合哪些条件？

答：根据《绿色食品标志管理办法》第四条规定，获得绿色食品标志使用权的产品，必须同时符合下列条件：

（1）产品或产品原料的产地必须符合绿色食品的生态环境标准；

（2）农作物种植、畜禽饲养、水产养殖及食品加工必须符合绿色食品的生产操作规程；

（3）产品必须符合绿色食品的质量和卫生标准；

（4）产品的标签必须符合《绿色食品标志设计标准手册》中的有关规定。

15. 绿色食品的申请主体需要具备哪些基本的条件？

答：申请人必须是企业法人，社会团体、民间组织、政府和行政机构等不可作为绿色食品申请人。同时，还要求申请人具备以下条件：

（1）具备绿色食品生产的环境条件和技术；

（2）生产具备一定规模，具有较完善的质量管理体系和较强的抗风险能力；

（3）加工企业需生产经营一年以上方可申请；

（4）下列情况之一者，不能作为申请人。与中国绿色食品发展中心及各级绿色食品委托管理机构有经济和其他利益关系的；可能引致消费者对产品（原料）的来源产生误解或不信任的企业，如批发市场、粮库等纯属商业经营的企业（如百货大楼、超市等）。

16. 绿色食品标志使用期限是多少年？

答：根据《绿色食品标志管理办法》第十四条

规定，绿色食品标志使用权自批准之日起三年有效。要求继续使用绿色食品标志的，须在有效期满前九十天内重新申报，未重新申报的，视为自动放弃其使用权。

17. 如何正确查看绿色食品认证标志是否超过有效期？

答：绿色食品标志的编号由 LB 和 12 位阿拉伯数字组成（LB-××-××××××××××）。“LB”是绿色食品标志代码，随后两位数代表产品类别，第 3～8 位数字表示批准日期，后 4 位是产品代号。如某一干红葡萄酒的绿色标志代码为 LB-39-9901××××××，即这种干红葡萄酒取得绿色食品认证的时间是 1999 年 1 月份，那么它的认证到期时间应为 2002 年 1 月，而如果该瓶葡萄酒的生产日期是 2003 年 7 月的话，就说明该葡萄酒的生产厂家在绿色食品认证已经超期的情况下，仍在生产带绿色标志的产品。

18. 什么是有机食品？

答：有机食品是一种国际通称，是从英文 Organic Food 直译过来的。这里所说的“有机”不是化学上的概念，而是指采取一种有机的耕作和加工方式。有机食品是指按照这种方式生产和加工的；

产品符合国际或国家有机食品要求和标准；并通过国家认证机构认证的一切农副产品及其加工品，包括粮食、蔬菜、水果、奶制品、禽畜产品、蜂蜜、水产品、调料等。

19. 有机食品的标志是什么样的？其含义是什么？

答：有机食品标志采用人手和叶片为创意元素。其一是一只手向上持着一片绿叶，寓意人类对自然和生命的渴望；其二是两只手一上一下握在一起，将绿叶拟人化为自然的手，寓意人类的生存离不开大自然的呵护，人与自然需要和谐美好的生存关系。

20. 有机食品的评判标准是什么？

答：有机食品的评判标准如下：

（1）原料来自于有机农业生产体系或野生天然产品；

（2）有机食品在生产和加工过程中必须严格遵

循有机食品生产、采集、加工、包装、贮藏、运输标准，禁止使用化学合成的农药、化肥、激素、抗生素、食品添加剂等，禁止使用基因工程技术及该技术的产物及其衍生物；

（3）有机食品生产和加工过程中必须建立严格的质量管理体系、生产过程控制体系和追踪体系，因此一般需要有转换期；这个转换过程一般需要2～3年时间，才能够被批准为有机食品；

（4）有机食品必须通过合法的有机食品认证机构的认证。

21. 有机食品的显著特征主要有几个方面？

答：有机食品的显著特征主要有以下三个方面：

（1）有机食品在生产加工过程中禁止使用农药、化肥、激素等人工合成物质，并且不允许使用基因工程技术，而其他食品则允许有限使用这些物质，并且不禁止使用基因工程技术；

（2）有机食品在原料来源的土地生产转型方面有严格规定。考虑到某些物质在环境中会残留相当长一段时间，因此，有机食品的产生有土地转换期的要求，一般情况下，土地从生产其他农产品到生产有机农产品需要2～3年的转换期。而其他食品则没有土地转换期的要求；

（3）作为有机食品的原料来源——有机农产品，须在数量上进行严格控制，要求定地块、定产量，而其他农产品没有如此严格的要求。

22. 有机食品认证的基本步骤是什么？

答：有机食品认证的基本步骤如下：

（1）申请者向认证机构提出申请；

（2）认证机构审查申请报告，评估申请资格，发放对应的基本情况调查表和其他相关材料；

（3）申请者填写基本情况调查表，并同其他相关材料如地块历史、生产现状等与认证机构的协议一起寄回认证机构；

（4）认证机构审查返回的基本情况调查表等材料，评估材料是否完备及申请者可能的合格程度；

（5）认证机构安排检查员准备实地检查；

（6）检查员到实地进行检查，并提交完整的检查报告给认证机构；

（7）认证机构审查所有的文件（包括基本情况调查表、附件材料、有机检查保证书、有机产品检查报告），并做出认证与否的决定；

（8）认证机构通知申请者认证结果；

（9）申请者签订和返回有机认证协议与由认证机构规定的执行条件至认证机构；

（10）申请者从认证机构收到有机证书；

（11）重新申请下一年度的认证。

23. 有机食品标志的使用权是终身制吗？

答：不是。按照国际惯例，有机食品标志认证一次有效许可期限为一年。一年期满后可申请“保持认证”，通过检查、审核合格后方可继续使用有机食品标志。

24. 有机食品是绝对无污染的食品吗？

答：食品是否有污染是一个相对的概念。世界上不存在绝对不含有任何污染物质的食品。由于有机食品的生产过程不使用化学合成物质，因此，有机食品中污染物质的含量一般要比普通食品低，但是过分强调其无污染的特性，会导致人们只重视对终端产品污染状况的分析与检测，而忽视有机食品生产全过程质量控制的宗旨。

25. 通过认定的无公害农产品、绿色食品、有机食品生产基地，不得擅自变更哪些内容？

答：通过认定的无公害农产品、绿色食品、有机食品生产基地，不得擅自变更其名称、面积、范围、生产种类。

26. 什么是QS认证？

答：QS是食品“质量安全”（Quality Safety）的英文缩写，带有QS标志的产品就代表着经过国家的批准所有的食品生产企业必须经过强制性的检验，合格且在最小销售单元的食品包装上标注食品生产许可证编号并加印食品质量安全市场准入标志（“QS”标志）后才能出厂销售。没有食品质量安全市场准入标志的，不得出厂销售。自2004年1月1日起，我国首先在大米、食用植物油、小麦粉、酱油和醋五类食品行业中实行食品质量安全市场准入制度。

27. QS认证的标志是什么？

答：食品质量安全市场准入标志即食品生产许可证标志，由“质量安全”英文（Quality Safety）缩写“QS”表示，其式样由国家质检总局统一制定。由字头QS和“质量安全”中文字样组成。标志主色为蓝色，字母“Q”与“质量安全”四个中文字样为蓝色，字母“S”为白色。

28. 食品标签上标有“QS”标志的含义是什么？

答：食品标签上带有“QS”标志，包含3个含义：

（1）该企业已获得了该产品的“食品生产许可证”；

（2）正在销售的这个产品是出厂检验合格的；

（3）企业明示该产品符合食品质量安全基本要求。

29. 如何获得QS认证？

答：要获得QS认证，需要经过三个阶段：

第一阶段为申请阶段：从事食品生产加工的企业（含个体生产者），应按规定程序获取生产许可证。新建和新转让的食品企业，应当及时向质量技术监督部门申请食品生产许可证。省级、市（地）级质量技术监督部门在接到企业申请材料后，在15个工作日内组成审查组，完成对申请书和资料等文件的审查。企业材料符合要求后，发给《食品生产许可证受理通知书》。企业申报材料不符合要求的，企业从接到质量技术监督部门的通知起，在20个工作日内补正，逾期未补正的，视为撤回申请。

第二阶段为审查阶段：企业的书面材料合格后，按照食品生产许可证审查规则，在40个工作日内，企业要接受审查组对企业必备条件和出厂检验能力的现场审查。现场审查合格的企业，由审查组现场抽查样品。审查组或申请取证企业应当在10个工作日内（特殊情况除外），将样品送达指定的检验机构进行检验。

经必备条件审查和发证检验合格而符合发证条件的，地方质量技监部门在10个工作日内对申报报告进行审核，确认无误后，将统一汇总材料在规定时间内报送国家质检总局。

国家质检总局收到省级质量技监部门上报的符合发证条件的企业材料后，在10个工作日内审核批准。

第三阶段为发证阶段：经国家质检总局审核批准后，省级质量技监部门在15个工作日内，向符合发证条件的生产企业发放食品生产许可证及副本。

30. QS认证对生产场所和设备有什么要求？

答：QS认证对生产场所和设备的要求如下：

（1）生产场所，必须符合国家生产企业的卫生标准和各个产品的审查细则以及通则；

（2）必备的生产设备，必须做到工艺合理、设备齐全（对照审查细则）；

（3）必须的检验设备，必须建立企业自己的实验制度，并具备实验条件，同时必须有相应的检验设备（对照审查细则）和试剂。

31. QS认证的范围有哪些？

答：QS认证的范围主要有：

（1）所有经过加工的食品（现做现买的、初级加工的产品不在此范围）；

（2）化妆品；

（3）塑料和纸包装容器；

（4）食用化工产品；

（5）食品加工用的相关设备；

（6）牙膏。

32. QS认证的费用包括哪些？

答：QS认证的费用由以下三个部分组成：

（1）申请费用。2 200元/单元。同时申请两个含两个以上的，每加一个加收20%。

（2）检验费用。按照各省标准执行。同时，咨询费另计。

（3）咨询服务费用。按咨询机构标准执行，一般为12 000～15 000元，包括企业标准备案咨询费用。

33. 什么叫 HACCP?

答：HACCP 是危害分析关键控制点（英文 Hazard Analysis Critical Control Point）的简称。国家标准 GB/T15091－1994《食品工业基本术语》对 HACCP 的定义为：生产（加工）安全食品的一种控制手段；对原料、关键生产工序及影响产品安全的人为因素进行分析，确定加工过程中的关键环节，建立、完善监控程序和监控标准，采取规范的纠正措施。

HACCP 是目前世界上最有权威的食品安全质量保护体系——HACCP 体系的核心，是用来保护食品在整个生产过程中免受可能发生的生物、化学、物理因素的危害。其宗旨是将这些可能发生的食品安全危害消除在生产过程中，而不是靠事后检验来保证产品的可靠性。

34. 大力推行 HACCP 有什么好处?

答：大力推行 HACCP 的好处如下：

(1) 建立一套规范、有序、科学的文件化安全管理体系，将把企业产品的安全质量控制从产品最终检验转变为生产全过程预防控制，大大减少了企业的安全风险，从而降低成本，提高了企业管理效率；

（2）增加企业的知名度，提高了服务产品的信誉度，增强了市场的竞争力；

（3）获得 HACCP 认证证书是食品及相关产品进入国际市场的通行证，是消除国际市场技术壁垒的有效手段；

（4）创造了企业的无形资产，使企业得到广泛认同和评价；

（5）享受政府部门更多的优惠政策。

35. 开发和实施 HACCP 体系需要多长时间？

答：这要看公司已有工艺和体系的范围、建立 HACCP 体系所需的过程和资源的复杂程度。平均来讲，从建立 HACCP 体系到实施，约需 6 到 12 个月。

36. 如何建立 HACCP 体系，并获得认证？

答：为快捷有效建立 HACCP 计划，企业可向国家认证机构认可委员会（简称 CNAB）备案的 CCIC-HACCP 认证中心申请咨询认证，提供营业执照、生产工艺流程图、组织机构图、厂区平面布置图、危害分析、HACCP 计划书的复印件，中心在审查完申请表后，签订合同后按照相应工作流程，进行文件审核、现场审核、签发验证报告等几个过程，合格才能获得CCIC-HACCP认证证书，并可向相关国外或国内政府推荐优先注册登记。

37. 什么叫GMP？

答：GMP是英文Good Manufacturing Practice的缩写，中文的意思是“良好作业规范”，或是“优良制造标准”，是一种特别注重在生产过程中实施对产品质量与卫生安全的自主性管理制度。它是一套适用于制药、食品等行业的强制性标准，要求企业从原料、人员、设施设备、生产过程、包装运输、质量控制等方面按国家有关法规达到卫生质量要求，形成一套可操作的作业规范帮助企业改善企业卫生环境，及时发现生产过程中存在的问题，加以改善。

38. GMP认证有什么好处？

答：GMP认证的好处如下：

（1）为食品生产提供一套必须遵循的组合标准；

（2）为卫生行政部门、食品卫生监督员提供监督检查的依据；

(3)为建立国际食品标准提供基础，如：HACCP、BRC、SQF；

（4）满足顾客的要求，便于食品的国际贸易；

(5) 为食品生产经营人员认识食品生产的特殊性，提供重要的教材，由此产生积极的工作态度，激发对食品质量高度负责的精神，消除生产上的不良习惯；

(6) 使食品生产企业对原料、辅料、包装材料的要求更为严格；

(7) 有助于食品生产企业采用新技术、新设备，从而保证食品质量。

39. 什么是ISO?

答：ISO是英文International Organization for Standardization的缩写。中文意思是“国际标准化组织”。是世界上最大的非政府性标准化专门机构，是国际标准化领域中一个十分重要的组织，成立于1947年2月23日。ISO的任务是促进全球范围内的标准化及其有关活动，以利于国际间产品与服务的交流，以及在知识、科学、技术和经济活动中发展国际间的相互合作。

40. ISO的主要任务和目的是什么?

答：ISO的主要任务是制定国际标准，协调世界范围内的标准化工作，与其他国际性组织合作研究有关标准化问题；ISO的目的是在世界范围内促进标准化工作的发展，以利于国际物资交流和互助，并扩大知识、科学、技术和经济方面的合作。

41. 如何获得ISO认证？

答：要获得ISO认证，需要经过八个步骤：

第1步：制定一项实施ISO质量体系标准的计划；

第2步：参照ISO质量体系标准对现存的质量体系进行评价；

第3步：采取正确行动来遵守所有ISO质量体系要求；

第4步：建立文件和记录系统；

第5步：完成质量手册并使之行之有效；

第6步：让注册团体安排一次评估前的审核；

第7步：被认证组织为正式评估做准备；

第8步：注册团体实行评估审核。

42. 什么是ISO9000？

答：ISO9000是指质量管理体系标准，它不是指一个标准，而是一族标准的统称。ISO9000是由TC176（TC176指质量管理体系技术委员会）制定的所有国际标准。ISO9000是ISO发布之12 000多个标准中最畅销、最普遍的产品。

43. 什么叫ISO14000？

答：ISO14000是国际标准化组织ISO/TC207负责起草的一份国际标准。ISO14000是一个系列的环境管理标准，它包括了环境管理体系、环境审核、环境标志、生命周期分析等国际环境管理领域内的许多焦点问题，旨在指导各类组织（企业、公司）取得和表现正确的环境行为。ISO该14000系列标准共预留100个标准号。该系列标准共分七个系列，其编号为ISO14001～14100。

44. ISO14000和ISO9000有什么不同之处？

答：ISO14000和ISO9000相比，有以下四点不同之处：

（1）对象和目的不同。ISO 14000是帮助建立环境管理体系，目的是规范组织的环境行为，达到改善环境的目的；ISO 9000是指导组织建立质量体系，通过对影响质量的过程和要素的控制，达到提高企业质量保证能力的目的；

（2）要素的内容不完全相同。虽然两个体系中有不少要素的名称是相似或一致的，但其内容却不完全一样。例如，两个体系中都有不合格控制和纠正预防措施这个要素，但ISO 9000－1的内容和ISO

14001 的内容却全然不同，当然也有基本相同的要素，如“文件控制”；

（3）两个体系的结构和要素不一一对应，特别是要素内容上的差别较大，两个体系是功能不同互相独立的体系，不可能互相取代；

（4）两个体系在企业里分别隶属于两个不同的部门管理（中国、外国都有这种情况），从而增大了两个体系沟通的障碍和扩大两个体系之间差异的可能性。

第三章　食品选购相关知识

1. 如何选购豆芽？

答：人们在选购豆芽时要“三看一闻”。一看豆芽茎。自然培育的豆芽菜芽身挺直稍细，芽脚不软、脆嫩、光泽白；而用药水浸泡过的豆芽菜，芽茎粗壮发水，色泽灰白。二看豆芽根。自然培育的豆芽菜，根须发育良好，无烂根、烂尖现象；而用药水浸泡过的豆芽菜，根短、少根或无根。三看折断豆芽茎的断面是否有水分冒出。无水分冒出的是自然培育的豆芽；有水分冒出的是用药水浸泡过的豆芽。一闻。主要是闻闻豆芽有没有刺鼻的气味，有刺鼻味道的不要购买。

2. 如何选购鱼？

答：鱼类的品质检验主要是运用感官检验的方法进行品质检验。

（1）活鱼的品质检验。活鱼只限于淡水鱼。活泼好游动，对外界刺激有敏锐的反应，无伤残，不掉鳞，体色发亮，喜欢在鱼池底部、中间游动的鱼品质最佳。

（2）鲜鱼的品质检验。鲜鱼是指死后不久的活鱼。体硬不打弯，眼睛明亮，鳃盖紧合，鳃鲜红，鳞片紧附血体，体两侧有光泽，肉质紧密富有弹性，稍有腥味的鱼品质佳。

（3）冻鱼的品质检验。冻鱼有海鱼和淡水鱼。冻鱼质量好坏与冷冻时鱼的质量有密切关系。冷冻带鱼体银白发亮，黄花鱼体硬，眼明亮，腹部金黄者为品质佳。

3. 如何选购植物油？

答：选购植物油时应该注意以下几点：

（1）标签。市场上大豆油、菜籽油、花生油占大部分，除标识基本内容外，还需标出等级。从等级上分为四级，一级即为色拉油，二级为高级烹调油，三级、四级为半精炼油，需标出加工工艺，即浸出或压榨。如原料采用转基因的需标识，原料生产国也需标识。

（2）包装。消费者尽可能购买密封性的定量包装的产品。散装产品，由于长期接触空气，易引起氧化、酸败造成品质下降。

（3）感官。从气味、滋味看：一级、二级油无气味，口感好，三级、四级油气味 、口感稍差。从透明度看：一级、二级油澄清透明，三级、四级油透明。而劣质油打开后，有的有较重的有机溶剂气味，有的色泽异样，有的则有严重的哈喇味。

4. 如何选购豆腐干？

答：豆腐干和豆腐片是半脱水的豆制品，它们的含水量均显著低于豆腐。豆腐干经过压榨脱水、切干而制成，也叫大白干、白豆腐干。选购时以颜色白净或浅黄色，薄厚均匀，四角整齐，柔软有劲，无杂质无异味的为佳。用手按压，质地细腻，有一定弹性，切开处挤压不出水，无杂质，具有豆腐干特有清香气味，滋味纯正，咸淡适口的。不能购买呈深黄色或微发红发绿的，无光泽质地粗糙无弹性，表面黏滑切开时黏刀，切口挤压时有水流出，有馊味，腐臭味，酸味，苦涩味等不良气味的。

5. 如何选购花菜？

答：选购花菜时，主要看两条：

（1）花球的成熟度，以花球周边未散开的最好；

（2）花球的洁白度，以花球洁白微黄、无异色、无毛花的为佳品。

6. 如何选购番茄？

答：蔬菜市场上的番茄主要有两类。一类是大红番茄，糖、酸含量都高，味浓；另一类是粉红番茄，糖、酸含量都低，味淡。到市场上买番茄，首先要明确打算生吃还是熟吃。如果要生吃，当然买粉红的，因为这种番茄酸味淡，生吃较好；要熟吃，就应尽可能的买大红番茄。这种番茄味浓郁，烧汤和炒食风味都好。需要特别指出的是，不要买青番茄以及有“青肩”（果蒂部青色）的番茄，因为这种番茄营养差，而且含的番茄苷有毒性。还有，不要购买着色不匀、花脸的番茄。因为这是感染番茄病毒的果实，味觉、营养均差。

7. 如何选购新鲜的韭菜？

答：韭菜的叶由叶片和叶鞘组成。叶鞘抱合而成“假茎”。割韭菜时即在假茎的地方开刀。刚割下时，“假茎”处切口平齐，表示新鲜；如已割下几天，切口便不平了，而呈现倒宝塔状，这是因为韭菜收割后仍然继续生长，中央的嫩叶长得快，外层老叶生长慢，故形成倒宝塔状的切口。

8. 如何选购冬瓜？

答：在蔬菜市场上冬瓜有青皮、黑皮、白皮三个类型。黑皮冬瓜肉厚，可食率高；白皮冬瓜肉薄，质松，易入味；青皮冬瓜则介于之间。市民选购以黑皮冬瓜为佳，这种冬瓜果形如炮弹（长棒形），选瓜条匀称、无热斑（日光的伤斑）的买。长棒形的肉厚，瓤少，故可食率较高。用手指压冬瓜果肉，捡肉质致密的买，因为这种冬瓜吃口好；肉质松软的煮熟后变成“一泡水”，吃口差。最佳消费期为7月、8月盛夏季节。冬瓜虽耐贮藏，但食用品质仍以鲜品为上。

9. 如何选购草莓？

答：选购草莓应该注意以下几点：

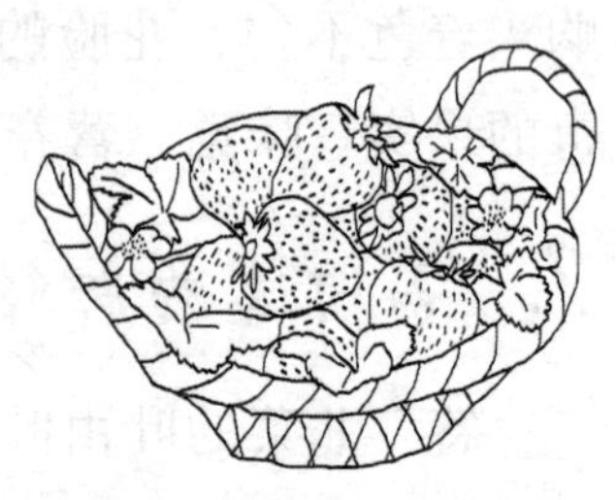

（1）首先要看草莓品种，目前市场上多数的是“丰香”草莓，少数的有“青屯一号”等，果实糖分较高，芳香味浓。市场上也有部分“丽红”、“明星”等品种，果实较大，但往往酸度大，芳香味淡；

（2）果实要新鲜，新鲜果实表面有丰富的光泽，不破裂，不流汁；

（3）要选全果鲜红均匀，不宜选购未全红的果实或半红半青的果实；

（4）发现果实有虫害食用的虫孔，或表面有灰霉病和白粉病病斑的，往往在病斑部分有灰色或白色霉菌丝，发现这种病果切不要食用。

10. 如何选购西瓜？

答：选购西瓜关键在于掌握瓜的熟度，请注意以下三条要领：

（1）看形状。识别瓜的皮色和瓜蒂、瓜脐，凡瓜形端正，瓜皮坚硬饱满，花纹清晰，表皮稍有凹凸不平的波浪纹，瓜蒂、瓜脐收的紧密，略微缩入，靠地面的瓜皮颜色变黄，就是够熟的标志。

（2）听声音。可以一手捧瓜，一手以指轻弹，凡声音刚而脆，如击木板的“咚咚”声，是为未熟的象征；声音疲而浊，近似打鼓的声且有震动的传音，才是够熟的标志。

（3）端重量。生瓜含水量多，瓜身较重；成熟的瓜，因瓜肉细脆组织松弛，体重就比生瓜轻些。

除此之外，还要注意，如果瓜皮柔软、淤黑，敲声太沉，瓜身太轻，甚至摇瓜闻响，那可能是倒瓤烂瓜，不堪食用。

11. 如何选购大米？

答：优质大米颗粒整齐，富有光泽，比较干燥，无米虫、无沙粒、米灰极少，碎米、爆腰（米粒上有裂纹）、腹白（米粒上乳白色不透明部分叫腹白，由于稻谷未成熟、糊精较多而缺乏蛋白质）极少，闻之有股清香味，无霉变味。质量差的大米，颜色发暗，碎米多，米灰重，潮湿而有霉味。

12. 如何选购面粉？

答：选购面粉需要注意以下三点：

（1）看。看包装上是否标明厂名、厂址、生产日期、保质期、质量等级、产品标准号等内容，尽量选用标明不加增白剂的面粉。看包装封的口线是否有拆开重复使用的迹象，若有则为假冒产品；看面粉颜色，面粉的自然色泽为乳白色或略带微黄色，若颜色纯白或灰白，则为过量使用增白剂所致。应选择色泽为乳白或淡黄色，粒度适中，麸星少的面粉。

（2）闻。正常的面粉具有麦香味。若有异味或霉味，则为增白剂添加过量，或面粉超过保质期，或遭到外部环境污染，已变质。

（3）选。要根据不同的用途选择相应品种的面粉。制作面条、馒头、饺子等要选择面筋含量较高，有一定延展性、色泽好的面粉；制作糕点、饼干则选用面筋含量较低的面粉。

13. 如何选购卷心菜？

答：不管什么季节、什么品种，选购卷心菜的共同标准是：

叶球要坚硬紧实，松散的表示包心不紧，不要买。叶球坚实，但顶部隆起，表示球内开始挑薹，中心柱过高，食用风味变差，也不要买。

14. 如何选购酱油？

答：选购酱油需要注意以下三点：

（1）酱油的颜色不是越深越好。酱油颜色越深，意味着营养物质氨基酸及糖类的消耗越多，颜色深到一定程度，酱油中的营养成分也就所剩无几了。

（2）酱油不是越鲜越好。一般来说，很多消费者认为酱油越鲜越好，于是一些生产厂家为迎合大众的口味，在酱油配兑时添加水解蛋白质、谷氨酸、核苷酸等，这样做虽然可以增鲜，但对人体健康不利。

（3）价格越高并不代表酱油等级越高。很多消费者购物时，喜欢根据价格高低判定其质量优劣，其实并不尽然。专家认为，优质酱油澄清、无沉淀、无浮膜、色泽呈红褐色，比较黏稠，细闻有酱香味和酯香味。

现在市场上酱油有特级、一级、二级、三级之分。国家也有明确规定，在酱油的外包装上必须标明质量等级和氨基酸含量。有的消费者在选购酱油时往往忽略这一点，而去追求包装精美、价格偏高的酱油。

15. 如何选购萝卜？

答：从蔬菜商品学讲，萝卜分为长萝卜、圆萝卜、小红萝卜三个类型。不管哪种萝卜，以根形圆整、表皮光滑为优。一般说来，皮光的往往肉细，所以皮光是第一条。第二条是比重大，分量较重，掂在手里沉甸甸的。这一条掌握好了，就可避免买到空心萝卜（糠心的萝卜、肉质成菊花心状）。第三条，皮色正常。皮色起“油”（半透明的斑块）的不仅表明不新鲜，甚至有时可能是受了冻的（严重受冻的萝卜，解冻后皮肉分离，极易识别），这种萝卜基本上失去了食用价值。第四条，买萝卜不能贪大，以中型偏小为上策。这种白萝卜肉质比较紧密，比较充实，烧出来成粉质，软糯，吃口好。

16. 如何选购生姜？

答：购买生姜的时候，一定要看清是否经过硫黄“美容”过。生姜一旦被硫黄熏烤过，其外表微黄，显得非常白嫩，看上去很好看，而且皮已经脱落掉。但工业用的硫黄含有铅、硫、砷等有害物质，在熏制过程中附着在生姜中，食用后会对人体呼吸道产生危害，严重的甚至会直接侵害肝脏、肾脏。

17. 如何选购冬笋？

答：当你在选购冬笋的时候，发现其笋壳张开翘起，还有一股硫黄气味，那么表明它可能硫黄熏过的。如果是新鲜的冬笋，它的壳包的很紧。

18. 如何选购茄子？

答：蔬菜市场上的茄子有紫红色和淡红色两种。紫红色的为条茄，淡红色的则为杭茄。在春季淡红色的先上市，随后紫红色茄子上市。

茄子的老嫩对于品质好差影响极大。判断茄子老嫩有一个可靠的方法就是看茄子的眼睛“大小”。茄子的“眼睛”长在哪里？在茄子的萼片与果实连接的地方，有一白色略带淡绿色的带状环，菜农管它叫茄子的“眼睛”。眼睛越大，表示茄子越嫩；眼睛越小，表示茄子越老。同时，嫩茄子手握有黏滞感，发硬的茄子是老茄子。外观亮泽表示新鲜程度高，表皮皱缩、光泽黯淡说明已经不新鲜了。

19. 如何选购辣椒？

答：蔬菜市场上的辣椒不外乎三种。一种是辣味重的辣椒，另一种是甜味重、无辣味的甜椒，还有一种是介于上述两者之间的半辣味椒。总的来说，辣椒的果实形状与其味道的辣、甜之间存在着明显的相关性。尖辣椒辣的多，且果肉越薄，辣味越重。柿子形的圆椒多为甜椒，果肉越厚

越甜脆。半辣味椒则介于两者之间。如果你比较重视营养，可买红椒吃，因为红椒的维生素 C 比青椒多 0.8 倍，胡萝卜素要多 3 倍，而且红椒分量轻（比重小），在经济上也合算，只是上口不如青椒脆嫩。

20. 如何选购黄瓜？

答：蔬菜市场上的黄瓜品种很多，但基本上是三大类型：一种是无刺种。皮光无刺，色淡绿，吃口脆，水分多，系从国外引进的黄瓜品种。另一种是少刺种。果面光滑少刺（刺多为黑色），皮薄肉厚，水分多，味鲜，带甜味。还有一种是密刺种，果面瘤密刺多（刺多为白色），绿色，皮厚，吃口脆，香味浓。

上面所说三类黄瓜，生食时口感不同。简单地说，无刺品种淡，少刺品种鲜，密刺品种香。不管什么品种，无疑都要选嫩的，最好是带花的（花冠残存于脐部）。同时，任何品种都要挑硬邦邦的。因为黄瓜含水量高达 96.2%，刚收下来，瓜条总是硬的，失水后才会变软。所以软黄瓜必定失鲜。但硬邦邦的不一定都是新鲜。因为，把变软的黄瓜浸在水里就会复水变硬。只是瓜的脐部还有些软，且瓜面无光泽，残留的花冠多已不复存在。消费者购买时很易识别。

21. 如何选购山药？

答：蔬菜市场上的山药主要为长柱种，产于陕西、河南、山东、河北等地。无论购买什么品种，块茎的表皮是挑选的重点。表皮光洁无异常斑点，才可放心购买。发现异常斑点绝对不能买。因为，只要表皮有任何异常斑点，就告诉我们，它已经感染病害，食用价值降低了。

22. 如何选购食盐？

答：选购食盐应该注意以下三点：

（1）看色泽。优质食盐应为白色，呈透明或半透明状；劣质食盐的色泽灰暗或呈黄褐色（硫酸钙或杂质过多）。

（2）看结晶。纯净的食盐结晶很整齐，坚硬光滑，干燥、水分少、不易返卤吸潮；含杂质多的盐，结晶不规则，易返卤吸潮。

（3）尝咸味。纯净的食盐应有正常的咸味，而含钙、镁等水溶性杂质过大时，盐的咸味会稍带苦、涩味，含沙等杂质时会有牙碜的感觉。

23. 如何选购醋？

答：选购醋应该注意以下三点：

（1）标签。一般而言，质量好的醋，外包装也相应比较精致、清楚，标签内容明确、真实、齐全。产品标签标注有产品名称、产品类别、配料表、净含量、制造者的名称和地址、生产日期、保质期、产品标准号、总酸含量，同时应注明产品为配制食醋或酿造食醋。

（2）色泽、香气、滋味、体态。从口感及营养角度而言建议消费者最好购买酿造食醋。质量较好的食醋应透明澄清，浓度适当，没有悬浮物、霉花浮膜。质优的酿造食醋，外观为琥珀色或红褐色或红棕色，有食醋特有的香味，吃起来绵酸稍甜、柔和醇厚、回味较长、不涩、无其他异味；劣质醋通常以次充好或用冰醋酸、醋精和色素等勾兑，因而颜色发黑发暗，开瓶酸气刺鼻，无香味，口味单薄，甚至有明显苦涩味及悬浮物。

（3）摇醋瓶。一般酿造食醋，因其原料在发酵过程中产生丰富的氨基酸和蛋白质，在摇晃醋瓶的时候，会产生丰富的泡沫，且持久不消；配制食醋或劣质食醋虽然也有泡沫出现，但泡沫很快消失。

24. 如何选购味精？

答：选购味精应该注意一下四点：

（1）应在正规的大型商场或超市中购买味精产品。这些经销企业对经销的产品一般都有进货把关，经销的产品质量和售后服务有保证。

（2）味精产品是食品生产许可证的发证产品，消费者选购时，应尽量选择包装袋上印有“QS”标志的味精产品，因为这些产品的生产企业已获得了食品生产许可证，产品质量有保障。

（3）最好选购晶体状的味精，其不易掺假，另外味精晶体还应洁白、均匀、无杂质、流动性好、无结块。

（4）选购味精时可从产品名称、配料表和谷氨酸钠含量来判定产品是纯味精（无盐味精）、含盐味精或者特鲜（强力）味精。产品名称叫纯味精或无盐味精的，其谷氨酸钠含量标明为99%，这类味精无需标注配料表；含盐味精谷氨酸钠含量应大于80%小于99%，且在配料表中标有谷氨酸钠和食盐含量；特鲜（强力）味精则在配料表中标有谷氨酸钠、食盐以及核苷酸钠的含量。

25. 如何选购蜂蜜？

答：选购蜂蜜应该注意以下五点：

（1）看色泽。用肉眼观看蜂蜜的颜色和光泽，以色浅、光亮透明、黏稠适度的为优质蜜；色呈暗褐或黑红，光泽暗淡，蜜液混浊的为劣质品。

（2）闻气味。纯正的蜂蜜，应具有浓厚的天然花蜜的香气；如有异杂气味，就可能是掺伪之品。

（3）尝味道。取少许蜂蜜入口尝之，具清爽，细腻，味甜，喉感清润，余味轻悠者为优质蜜；如入口绵润，味甜而腻，喉感麻辣，余味较重的，是质量较差的蜂蜜或掺伪的蜂蜜。

（4）试手感。取少许蜂蜜，放在洁净干燥的手心上，用手指搓捻，一般纯正的蜂蜜结晶或凝固结晶都比较黏而细腻，用手指捻后无粗糙感；若结晶颗粒粗糙，手捻有粗糙感的，则有掺伪的可能。

（5）蜂蜜在低温下或放置的时间较久，其所含葡萄糖首先会析出沉于容器底部，而后所含的果糖继以结晶沉淀。较低的温度下往往使整个容器内的蜂蜜全部凝固，似猪油凝固状，但这不影响食用。

26. 如何选购猪肉？

答："放心肉"从外观看脂肪洁白，肉有光泽，皮色微红均匀，外表微干或微湿润，弹性好，指压皮肉产生的凹陷能立即恢复，气味好。因此要想在市场上购买到"放心肉"，一是看猪肉皮上是否有圆形"检验合格"印章。二是从外观看是否符合上述特征。

另外还要学会通过观察来鉴别健康猪肉，鉴别要抓住三点：首先看颜色。健康猪肉呈白色或浅白色，切面有光泽，棕色或粉红色，无任何液体流出；病死猪的肉肌肉无弹性，切面光滑、暗紫色，平切面有淡黄色或粉红色液体。其次闻气味。健康猪肉无异味；病死猪肉有血腥味、尿臊味、腐败味。最后摸弹性。健康猪肉有弹性；病死猪肉呈暗红色，肌肉间毛细血管淤血，无弹性。

27. 如何选购腐竹？

答：选购腐竹产品应注意以下几点：

（1）从色泽看，腐竹是用黄豆制成的，优质腐竹颜色不会很鲜亮，一般呈淡黄色，有光泽；次质腐竹色泽较暗淡或泛洁白、清白色，无光泽；劣质腐竹呈灰黄色、深黄色或黄褐色，色彩暗而无光泽。

（2）从外观看，也可折断再观察，好的腐竹为枝条或片叶状，质脆易折，条状折断有空心，无霉斑、杂质、虫蛀。

（3）从其味来说，优质腐竹具有腐竹固有的香味，无其他任何异味，劣质腐竹有霉味、酸臭味及其他外来气味。

（4）从滋味判别，优质腐竹具有腐竹固有的鲜香滋味；次质腐竹滋味平淡；劣质腐竹有苦味、涩味或酸味等不良滋味。

28. 如何选购荔枝？

答：新鲜荔枝应该色泽鲜艳，个大均匀，皮薄肉厚，质嫩多汁，味甜，富有香气。挑选时可以先在手里轻捏，好荔枝的手感应该发紧而且有弹性。

从外表看，新鲜荔枝的颜色一般不会很鲜艳。如果荔枝头部比较尖，而且表皮上的“钉”密集程度比较高，说明荔枝还不够成熟，反之就是一颗成熟的荔枝。如果荔枝外壳的龟裂片平坦、缝合线明显，味道一定会很甘甜。

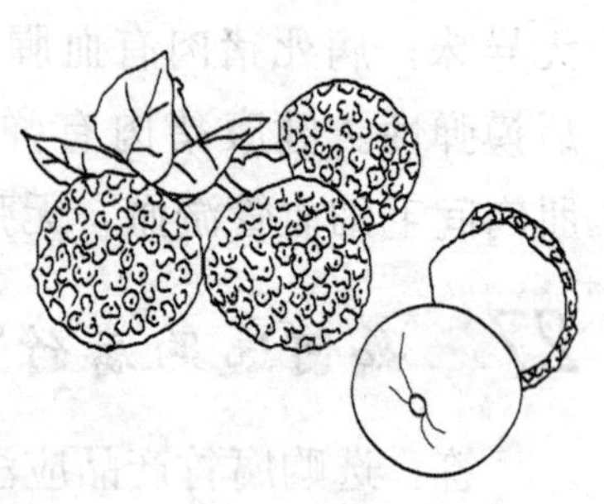

29. 如何选购龙眼？

答：选购龙眼应注意以下几点：

（1）看。外壳粗糙、颜色黯淡为新鲜，外壳发亮、发黄的为不新鲜；剥开外壳看壳内的颜色，颜色洁白光亮的为新鲜果实，壳内出现红褐色血丝纹的为不新鲜果实。

（2）闻。味道清新的为新鲜，有臭鸡蛋味道的为不新鲜。

（3）刮。用指甲轻刮去开果壳或枝干外皮，露出淡绿色内皮的为新鲜果实。

（4）捏。用手指轻捏果壳，新鲜果实的果壳较硬，外壳绵软如纸的为不新鲜。

30. 如何选购猪肝？

答：选购猪肝应该注意以下三点：

（1）看外表。表面有光泽，颜色紫红均匀的是正常猪肝。

（2）用手触摸。感觉有弹性，无硬块、水肿、脓肿的是正常猪肝。

（3）有的猪肝表面有菜籽大小的小白点，这是致病物质侵袭肌体后，肌体保护自己的一种肌化现象。把白点割掉仍可食用。如果白点太多就不要购买。

31. 如何选购猪肚？

答：选购猪肚应该注意以下三点：

（1）首先看猪肚色泽是否正常，如果颜色不正常的猪肚不要购买。

（2）其次（也是主要的）看胃壁和胃的底部有无出血块或坏死的发紫发黑组织，如果有较大的出血面就是病猪肚。

（3）最后闻有无臭味和异味，若有就是病猪肚或变质猪肚，这种猪肚不要购买。

32. 如何选购猪腰？

答：选购猪腰应注意以下二点：

（1）首先看猪腰表面有无出血点，有者便不正常。

（2）其次看形体是否比一般猪腰大和厚，如果是又大又厚，应仔细检查是否有肾红肿。检查方法是用刀切开猪腰，看皮质和髓质（白色筋丝与红色组织之间）是否模糊不清，模糊不清的就不正常。

33. 怎样选购活鸡？

答：选购活鸡主要方法是：

（1）看鸡的整个神态。健康鸡显得有精神，活泼好动，反应敏感，体质健壮，放在地上又叫又跳，见东西就啄食；病鸡显得没有精神，反应迟钝，体质消瘦，放在地上不爱动，无论喂它什么皆不食。

（2）看鸡头。健康鸡的脑肌肉丰满，以手触之头伸缩富有弹性，用手拍鸡则有叫声；病鸡脑肌肉消瘦，用手拍之无声。健康鸡的鸡冠鲜红，大多挺直；病鸡的鸡冠或冠尖呈暗紫色或青紫色，苍白肿胀，蔫搭萎缩。健康鸡眼睛炯炯有神，四处张望；病鸡眼睛无神或闭眼打瞌睡。健康鸡的嘴清洁干净，呼吸自然；病鸡的嘴不断地哈气，呼吸急促，有的鼻孔流涕，嘴中流涎。

（3）看鸡翅膀。健康鸡羽毛整齐，光泽均匀，翅膀自然紧贴鸡体；病鸡羽毛松散，光泽暗淡，翅膀下重微张开。

（4）看肛门。健康鸡的肛门周围干净无烘迹黏液；病鸡肛门周围有绿色或白色烘迹黏液和脏毛。

（5）摸鸡嗉。健康鸡的嗉子无气体，不胀不硬，八九能知嗉子内为何物；病鸡嗉子膨胀有气体，积食发硬，如倒提起来，头耷脚冷嘴流泫，必是病鸡无疑。

34. 如何选购皮蛋？

答：宜挑选外壳光滑、完整无破损、没有斑点、有光泽的蛋；一般含铅量高的蛋，外壳有黑色的斑点；蛋青无黑色斑点，有松花的皮蛋最好；剥壳后光泽度好，呈半透明状，切开后也不破损的蛋属于优质蛋。

35. 如何选购茶叶？

答：选购茶叶，主要是通过茶叶的色、香、味、形四个方面来判断其真假、新陈、优劣。不同品种的茶叶有不同的色、香、味、形标准。一般消费者选购茶叶，要从看、闻、尝三方面来进行分辨。

（1）看。看是选购茶叶的重要手段。就是凭着两只眼睛的直观，辨别茶叶的外形和色泽。具体地说，要看茶叶条索的松紧、整碎、净杂、老嫩和颜色。一般而言，绿茶以眉叶紧秀为好，珠茶以颗粒圆结为好，龙井等扁茶以形状光滑平削匀净为好；

就颜色而论，绿茶以翠绿、油绿为优，枯黄者次。红茶中的功夫茶以条索紧结为佳，红碎茶以颗粒细匀净为佳；就颜色说，以乌润为优，暗红者次。花茶以条索卷曲为好；颜色以淳绿无光者为优，灰绿光亮者次。总的说，不论哪种茶，条索紧结、重实、圆浑、粗细长短均匀者为好，松泡、轻飘、短碎者为次。

（2）闻。闻是通过嗅觉来鉴别茶叶的优劣。“闻”有二法，一是闻茶叶，二是闻茶汤。直接闻茶叶，可分辨茶叶是否有香味，或者有异味怪味；有香味者，是好茶，无香味或者有异味的，就不是好茶。如果要细闻，进行认真的鉴别，就须把茶叶沏成茶汤，闻茶水散发出来的气味。好的茶叶沏成茶，会释放出各种香气，如兰花香、板栗香、玫瑰香、清香、浓香、鲜香等等。一般来说，绿茶以清香味为好，青涩为次；红茶以浓香纯正甜香为好，酸馊为次；乌龙茶以馥郁幽香为好；花茶既要有绿茶之清香，又要有鲜花之芬芳；只有花香而无芬芳则花少，只有花香而茶味淡薄，则花已漫茶，花郁茶香才是花茶之佳品。不论哪种茶叶都要先闻有无异味，如有烟熏味和农药味等异味，不能购买，饮之有害。

（3）尝。尝就是亲口品尝，通过味觉鉴别茶叶的滋味。茶叶冲泡成茶，不同的茶叶水会有不同的味道，如苦、涩、酸、淡、鲜、浓、甘、醇等滋味，通过这些滋味可以区别出茶叶质量的高低。一般地说，绿茶以鲜爽醇永为好，红茶以甘醇浓厚为好，乌龙茶以甘洌为优，花茶以鲜美可口为上。不论哪种茶，凡平淡无味者或有粗涩怪味、异味者均为劣品。

看、闻、尝三种方法应当结合并用，综合分析鉴别，才能选购出真正的好茶。

36. 如何选购速冻食品？

答：选购速冻食品应注意以下四点：

（1）尽量不要选购散装产品，虽然散装产品价格相对便宜，但容易受到污染，不符合食品卫生要求。

（2）注意看产品标签。速冻食品的标签除常规的产品名称、生产企业和地址、生产日期和保质期、净含量、配料表等要求外，还应标明保存条件、食用方法等。如果是含馅料产品，还应标明馅料含量。消费者可通过比较标签上的内容，选购放心的速冻食品。

（3）注意观察产品的包装。应选择包装密封完好，没有破损现象，包装袋内产品不发生黏结和变形的产品。另外，观察食品表面或包装袋内是否有结霜现象，如果有而且情况比较严重，则表示食品已经反复冻结过，产品的品质，特别是营养成分、新鲜度、口感等都会受到不同程度的影响，应尽量避免购买。

（4）应尽量选择有良好冷藏设备、电力供应充足的商场或超市购买速冻食品；每次选购应在最后才取速冻食品；如不马上食用，则要尽快放入冰箱的冷冻室，以免影响产品质量。

37. 如何选购土豆？

答：如果是新土豆，选择大小适中、表皮光洁、没有外伤的；陈土豆，首先要注意一定不能选长芽的，手感要硬，不要松软。另外，所有的土豆都不要选表皮发绿的，还有就是表皮有哈密瓜纹理的淀粉含量高。

38. 如何选购洋葱？

答：选购洋葱应注意以下三点：

（1）外皮。外皮完整说明洋葱在运输过程中没有破损，味道也没有发生改变。

（2）硬度。购买洋葱时可以用手捏一下，成熟的洋葱是非常饱满和坚挺的。

（3）清洁。鳞茎顶部、鳞茎盘等部位均充分干燥，整修良好，新鲜清洁。

39. 如何选购莲藕？

答：藕四季均有上市，以夏、秋的为好，夏天的称为“花香藕”，秋天的称为“桂花藕”。选购莲藕时注意以下几点：

(1) 表面发黄，断口的地方闻着有一股清香，使用工业用酸处理过的莲藕看起来很白，闻着有酸味。

(2) 藕身粗长较圆正，节短。从藕尖数起的第二节藕最佳。

(3) 藕有多节，尖较嫩，可拌食，中段可炒食，老的一般可塞糯米煮成桂花糖藕。

另外，挑选莲藕时，应该尽量挑选藕节粗且短、藕节间距长、外形饱满、内外皆无伤、通气孔较大的莲藕。

40. 如何选购牛奶？

答：选购牛奶应注意以下三点：

(1) 首先要看包装、标签说明中原料或配料、配方中的各种营养物质名称和营养成分。若是纯牛奶脂肪含量要在3%以上，蛋白质含量不低于2.9%，总干物质要11.2%以上，达到这个标准一般都是纯牛奶。若低于上述标准，就可能是加了些牛奶的饮料。一般饮料蛋白质含量只有1%，脂肪含量也只有 1%左右，它的营养成分和纯牛奶相差甚远。光拿蛋白质和脂肪来说它的含量也只有纯牛奶的 1/3。有些饮料蛋白质、脂肪含量更低，甚至有的产品，只说原料中有牛奶或奶粉不说含量的多少这就很难说这些产品的营养了。

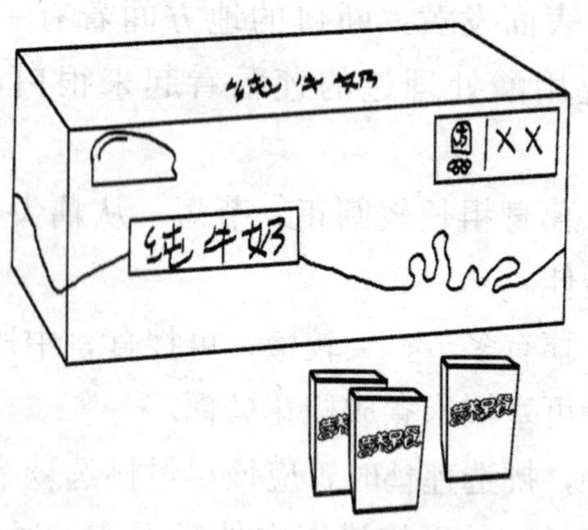

(2) 其次看使用的原料和添加的物质。纯牛奶一般不加其他原料，也有少数厂家给纯牛奶中加糖的。但加了些牛奶的饮料就会完全不同，它的配方中会加入各种其他原料，如各种果汁、橘子汁、柠檬汁、香精、香料、稳定剂、增稠剂、糖、甜蜜素、安赛蜜，有的为了调味加酸，如乳酸、柠檬酸，为了增加颜色加色素如胭脂红等，甚至有的为了延长保存时间加防腐剂，苯甲酸、山梨酸等，总之这些饮料会因销售对象和口味的不同而加入各种其他原料。这些产品虽含有一些牛奶但主要是人们解渴消夏或休闲的饮料，其营养成分和纯牛奶相差甚远，更不能代替牛奶。

（3）要注意保质期和保存方法。保质期一般在产品包装上都会印有。购买时一定要看是否到保质期或超过保质期，若超过保质期或包装上没有保质期的产品最好不要购买。

41. 如何选购奶粉？

答：选购奶粉时应注意以下几点：

（1）试手感。用手指捏住奶粉包装袋来回摩擦，真奶粉质地细腻，会发出“吱吱”声；而假奶粉由于掺有绵白糖、葡萄糖等成分，颗粒较粗，会发出“沙沙”的流动声。

（2）辨颜色。真奶粉呈天然乳黄色；假奶粉颜色较白，细看有结晶和光泽，或呈漂白色，或有其他不自然的颜色。

（3）闻气味。打开包装，真奶粉有牛奶特有的乳香味；假奶粉乳香甚微，甚至没有乳香味。

（4）尝味道。把少许奶粉放进嘴里品尝，真奶粉细腻发黏，易黏住牙齿、舌头和上颚部，溶解较快，且无糖的甜味（加糖奶粉除外）；假奶粉放入口中很快溶解，不黏牙，甜味浓。

（5）看溶解速度。把奶粉放入杯中，用冷开水冲，真奶粉需经搅拌才能溶解成乳白色浑浊液；假奶粉不经搅拌即能自动溶解或发生沉淀。用热开水冲时，真奶粉形成悬漂物上浮，搅拌之初会黏住调羹；掺假奶粉溶解迅速，没有天然乳汁的香味和颜色。其实，所谓“速溶”奶粉，都是掺有辅助剂的，真正速溶纯奶粉是没有的。

(6) 掌握假品特征。有些假奶粉是用少量奶粉掺入白糖、菊花精和炒面混合而成的，其最明显的特征是有结晶，无光泽，呈白色或其他不自然颜色，粉粒粗，溶解快，即使在凉水中不经搅拌也能很快溶解或沉淀。

42. 如何选购牛肉？

答：选购牛肉应注意以下三点：

(1) 看色泽。新鲜肉肌肉有光泽，红色均匀，脂肪洁白或淡黄色；变质肉的肌肉色暗，无光泽，脂肪黄绿色。

(2) 摸黏度。新鲜肉外表微干或有风干膜，不黏手，弹性好；变质肉的外表黏手或极度干燥，新切面发黏，指压后凹陷不能恢复，留有明显压痕。

(3) 闻气味。新鲜肉具有鲜肉味儿；变质肉有异味甚至臭味。

43. 如何选购苦瓜？

答：苦瓜身上一粒一粒的果瘤，是判断苦瓜好坏的特征。颗粒愈大愈饱满，表示瓜肉愈厚；颗粒

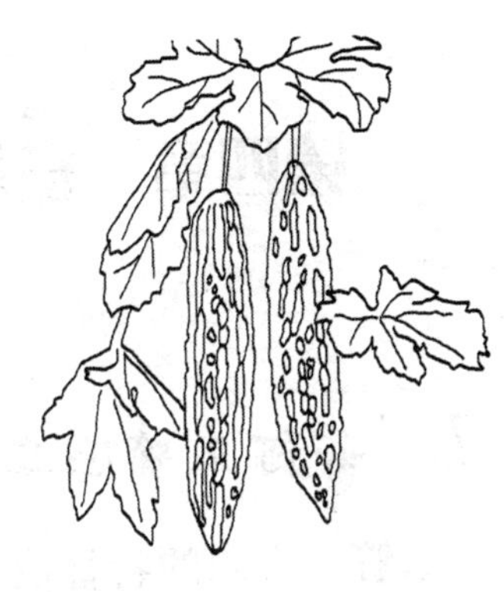

愈小，瓜肉相对较薄。选苦瓜除了要挑果瘤大、果形直立的，还要洁白漂亮，因为如果苦瓜出现黄化，就代表已经过熟，果肉柔软不够脆，失去苦瓜应有的口感。买苦瓜时以幼瓜为好，过分成熟时，稍煮即软烂，吃不出其风味，看上去果肉晶莹肥厚，末端带有黄色者为佳，整体发黄者不宜购买。

44. 如何选购大蒜？

答：选购大蒜时，应购买那些圆圆胖胖的，表皮没有破损的大蒜。选购时，轻轻用手指挤压大蒜的茎，检查其摸起来是否坚硬，好的大蒜应该摸起来没有潮湿感。应避免选软的、发霉的、表皮皱皱巴巴的，或者已经开始发芽的大蒜。这些都是开始腐化的标志，而且会让味道和质地变差。

第四章　食品贮存相关知识

1. 如何正确贮存大米？

答：大米的特性决定了它不易长期保存。家庭贮存的大米要放在阴凉、通风、干燥处，避免高温、光照。用容器（米桶或米缸）装米时，在装米前，先用纸点火烘干、消毒容器。大米买回后，装进米捅或米缸把盖盖好，放在离地面一尺高的干燥、通风之处，食用时采用推陈出新的办法，先吃先买的米，后吃后买的，防止霉变鼠虫污染。要经常曝晒盛米的空米桶和空米缸，清除缸内的糠粉、虫卵等。梅雨和盛夏季节，为防止受潮霉变生虫，可在盛米容器内放几片螃蟹壳或甲鱼壳，或大蒜头。如米已生虫应先清除米虫，然后将花椒和茴香用纱布包好放在大米表面，米缸（桶）不要马上密盖。

2. 如何正确贮存面粉？

答：面粉应保存在避光通风、阴凉干燥处，潮湿和高温都会使面粉变质，面粉在适当的贮藏条件下可保存一年，保存不当会出现变质、生虫等现象。

在面袋中放入花椒包可防止生虫。

3. 如何正确贮存腌制食品？

答：腌制食品储存的最佳温度为 3～8℃（不宜超过 10℃），如果放在冰箱的冷冻室（－6～－12℃），腌制食品中的水分就极容易冻结而凝成小冰晶，从而促进了食品内脂肪的氧化作用，大大加快了脂肪类物质氧化反应的速度，造成腌制食品质量下降；一般放在阴凉通风处，避免阳光直接照射或高温烘烤，就能达到防止脂肪氧化的目的；如需放在冰箱里，应用塑料袋包扎密封后放在冷藏室内。

4. 如何正确贮存鸡肉？

答：鸡肉在肉类食品中是比较容易变质的，所以购买之后要马上放进冰箱里，可以在稍微迟一些的时候或第二天食用。剩下的鸡肉不要生着保存，应该煮熟之后保存。

5. 如何正确贮存生姜？

答：正确贮存生姜的方法如下：

（1）洗净、晾干，埋入盐罐；

（2）将鲜姜放在盆、罐或者大口瓶中，上面覆盖 3 厘米厚的潮湿细沙，然后加盖，可保鲜 1～2

个月；

（3）将鲜姜洗净晾干，再切片，装进事先准备好的洁净、干燥的旋口罐头瓶中，然后倒入白酒，酒量以刚淹没鲜姜片为度，最后加盖密封，随用随取，可长期保鲜；

（4）洗净，放在小塑料袋内撒一些盐，不要封口，随用随取，可保存10天左右；

（5）用盐水把生姜泡一个小时，然后拿出来晒干，放入冰箱贮菜格内，可以放很长时间并保持其鲜嫩程度。

6. 如何正确贮存白糖？

答：当白糖放置时间较长时，会吸收空气的水分而潮解，有色成分逐渐渗透到蔗糖晶体表面，使得白糖逐渐变成黄色，结成硬块。为了防止这种现象，买回的糖要放在玻璃等容器内，要加盖，外面还要遮盖一些防潮纸、塑料布等，防止糖吸收空气中的水分。特别是在多雨潮湿季节。糖应存放在温度不要太高的地方，最好不要放在厨房里，白糖存放时间不要太长，应该少买、吃完再买。食糖一旦受潮变色应该提前食用。

7. 如何正确贮存食盐？

答：加碘盐中的碘化物性质极不稳定，容易分解、挥发而失效。故碘盐应存放在加盖的有色密封容器内。放于干燥、阴凉处，避免日光暴晒和空气吸湿。要随买随吃，一次不要购买太多而长期存放。

8. 如何正确贮存西瓜？

答：西瓜很不容易保存。如果家里有地窖，可在窖里存放。为了使存的时间尽可能长一些，存的时间也要尽可能的晚一些，因为时间晚一些，气温也越来越低，对延长贮存时间很有利。没有地窖的，也可放在冰箱里贮存，但存的数量有限。也可以用一个大的不透气的塑料袋装起来，放在冷水里，也能延长存放时间。

9. 如何正确贮存苹果？

答：苹果的存放一是防止腐烂，二是防止干瘪。为防止腐烂，要选择质量较好，没有烂点的苹果，并放在温度尽可能低的地方，当然不能上冻。防止干瘪的方法是，用一个不透气的塑料袋装好，并扎紧袋口，放入缸或筒里。隔一段时间要打开检查一下，有坏的一定要拿出来，以免影响好的。如果发现苹果发干了，可洒点儿凉水。

10. 如何正确贮存大白菜？

答：大白菜是北方人冬季主要的食用菜之一。贮存的关键是菜要有根儿，温度要低。最好是挖个1米左右深的坑，大小依菜的多少而定。要选半芯的菜，满芯的反而不好，因为在贮存的过程中，菜还会长。坑的上面要多盖一些草一类的保温的材料，并留一个“气孔”，白天打开，晚上盖上。当气温很低时，把盖儿盖好盖严。菜在坑里要根儿朝下放。元旦后取出，白菜又大又新鲜。

11. 如何正确贮存萝卜？

答：萝卜的贮存主要是防止干燥“发糠”，同时也要防止腐烂。防止“发糠”的办法是把胡萝卜装在不透气的塑料袋里，扎好口，放在温度较低的地方，以不冻为原则。开始时要把口打开，适当放放水气，以免因水分太大而发生腐烂。

12. 如何正确贮存咸蛋？

答：买回的或自己腌制的已经到时的咸蛋，要洗净煮熟，放在盐水里，现吃现捞。这样可避免越来越咸，蛋黄蛋白也不会变硬，发死。

13. 如何正确贮存啤酒？

答：正确贮存啤酒的方法如下：

（1）啤酒的存放环境应在 0～15℃之间，以 10℃左右为宜，而瓶装熟啤酒应在 5～25℃之间保存；温度过高，啤酒的泡沫多而不持久；温度过低，泡沫减少并使苦味加重；若低于 0℃，则外观混浊，味道不佳，因此，啤酒无论什么季节都不宜存放在冰箱内；

（2）啤酒对光敏感，不要日晒或剧烈震荡，以防啤酒中的酵母菌受热、混浊和沉淀；

（3）油是啤酒的大敌，啤酒应保持清洁，勿沾染油迹，因为油迹可使啤酒花过快消失；

（4）桶装鲜啤酒不宜超过 5 天，瓶装鲜啤酒不宜超过 15 天，熟啤酒不宜超过 45 天；

（5）饮剩的啤酒应密封，以防二氧化碳消失，影响啤酒中酒精成分及浓度。

14. 如何正确贮存香肠？

答：正确贮存香肠的方法如下：

（1）在容器内放杯白酒或酒精，在香肠上面再抹上一层白酒。将容器口封严，放在阴凉通风处；

（2）以原封包装放在冰箱冷藏室内，吃时取出开封，最好在一周内吃完；若放进冷冻室，要在两个月内吃完，否则肉质会变坏。

15. 如何正确贮存香菇？

答：正确贮存香菇的方法如下：

（1）封存于密封的容器内；

（2）如霉变，用板刷轻轻刷去表面的霉花，然后用小火烘干，冷却后密封。切忌太阳曝晒或用水洗，以免香味散失。

16. 如何正确贮存红枣？

答：红枣易生虫、发霉，风吹后易干缩，皮色由红变黑；高温潮湿易使红枣出浆，导致霉菌的活动。正确贮存红枣的方法如下：

（1）将干燥的枣用塑料袋包装，袋口封严，置于阴凉通风处；

（2）红枣曝晒几天，食盐炒热放凉，每公斤枣加 80 克盐装入塑料袋中密封。

17. 如何正确贮存豆类？

答：用塑料袋装豆类存放，在袋内喷少许白酒，能防止生虫；蚕豆、赤豆存放时加几头大蒜，可防虫蛀两三年；绿豆用开水浸泡一两分钟，晒干后用罐子密封保存。

18. 如何正确贮存腐竹？

答：含水分过高的腐竹可以晾晒，使水分降低到12%～14%，然后装入食品袋，扎紧袋口，置于33℃以下的阴凉、通风、干燥处。如生虫，可以经常翻晒，让虫子自行爬出，不能用药剂喷杀。

19. 如何正确贮存酱油？

答：正确贮存酱油的方法如下：

（1）先将酱油煮沸，待冷却后再装入酱油瓶内，然后再滴上几滴白酒，经这样处理后，既干净卫生，且存放时间长；不可多次煮沸，以免营养丧失；

（2）剥几瓣大蒜放入酱油瓶，酱油不易变质且无怪味；

（3）在酱油里放10%的60°的白酒，可增加酱油香味，又可防霉；

（4）夏天，酱油买回后，最好先烧开一下，凉后再装瓶，瓶盖要盖严；也可在酱油里放一段葱白或几瓣大蒜，或加一点烧酒或豆油或麻油。

20. 如何正确贮存生鸡蛋？

答：正确贮存生鸡蛋的方法如下：

（1）在盐水里泡一下，可保鲜几个月；

（2）将鲜蛋洗净，在沸水中浸烫半分钟，晾干密封，可保存数月；

（3）在容器里铺些木屑、锯末、细沙、米糠、谷壳、草木灰，将蛋小头朝下竖放；

（4）在盛器底层放2寸厚的清洁豆类，排一层蛋，大头向上，再铺一层豆，可保存数月；

（5）在鸡蛋的表面涂一层食用油或凡士林，可阻止细菌侵入，延长保鲜时间；

（6）将蛋浸在2%～5%的明矾水溶液中，可保鲜较长时间，另外鸡蛋不宜与生姜、葱同放。

21. 如何正确贮存大蒜头？

答：正确贮存大蒜头的方法如下：

（1）挂藏。收获后的大蒜，先在田间曝晒2～4天，或在烘房内（控温30～40℃，相对湿度50%～60%）进行快速干燥鳞茎，使之进入休眠期。干燥后的大蒜进行挑选（也可在干燥前进行），剔除机械伤和病虫害的蒜头。然后每30～60个蒜头编成一组，挂在通风良好的屋檐下或其他地方贮存。贮藏中应注意不要使蒜头受潮、雨淋；

（2）架藏。按以上方法编好的蒜瓣，通常选择通风良好、干燥的室内场地，有通风设备的场所更好。室内放置木制或竹制的梯架，架子可搭成台形和锥形等。梯架横隔间距要大，以利于空气流通。

将编好的蒜头分岔于横隔上，不要过密，注意通风，防止受潮。

（3）窖藏。主要是利用地下温度、湿度受外界影响较小的特点，创造一个稳定的鲜藏环境。在东北等寒冷地区，窖藏大蒜较为理想，大蒜在窖内可散堆，也可以围垛。最好窖底铺一层干麦秆或谷壳，然后一层大蒜一层麦秆或谷壳，不要堆得太厚，窖内设置通风孔。

22. 如何正确贮存花生？

答：正确贮存花生的方法如下：

（1）用塑料食品袋装摊晒干净的花生米，每袋500～600克，内放几片剪碎的干辣椒片，密封置于干燥处，可防潮、防霉、防虫，一年内不坏。如放入一小包花椒，贮存期可更长；

（2）将晒干的花生米，用清水淘净，并立即用沸水浸烫10～14分钟后捞出焙干，趁热拌上细盐、五香粉，拌匀，再重新摊开晾干（勿曝晒，免出油）。用塑料袋装好，可保存两三个夏季，味道依然如故；

（3）将花生米倒入花椒盐水中烧开，捞出，摊在通风、干燥处晾干，用塑料袋装起来，不会变质。

23. 如何正确贮存榨菜?

答：盛夏时节，可将榨菜放入大口瓶中，再用两片1毫米厚、10毫米宽、长度略大于瓶口直径的竹片，交叉放入瓶内，抵住榨菜，再取一只碟子，盛些清水，把装有榨菜的瓶子倒立于碟子内，隔绝空气。每次取食榨菜后，再照原样放好。经常更换碟中的清水，即可保持榨菜1个月不变质。

24. 如何正确贮存月饼?

答：月饼最好放在篮里，挂在通风处；不宜放在密封的容器内；切忌置于闷热潮盛、空气不流通的地方；也不要与其他食品放在一起，以防串味。在25℃的气温下，玫瑰、杏仁、金腿、百果等月饼可存放12～15天；豆沙、椰蓉、冬蓉、莲蓉等月饼可保存7天；鲜肉、鸡丝等月饼最好当天食用。

25. 如何正确贮存腊肉?

答：正确贮存腊肉的方法如下：

(1) 腊肉风干后浸入植物油中，可保存一年不坏；

(2) 在缸底放上竹架，撒点食盐，将风干的腊肉放入缸内，每层喷一层白酒，最上一层洒些盐，盖上牛皮纸或草纸。然后用盐水调泥封口，不要漏气，可保存一年；

(3) 将风干的腊肉放入陶器，用布蒙好，盖上木板，找一干燥处铺上6～7厘米生石灰，将缸压在石灰上，可使腊肉的干燥期延至4个月以上；

(4) 把腊肉一块块用纸包好，放入箩筐或纸箱，每层放一层稻草灰或麦草灰，筐口用木板盖好，放在干燥通风处即可，一般可保鲜半年以上。

26. 如何正确贮存番茄？

答：正确贮存番茄的方法如下：

(1) 将果皮完整、七八成熟的番茄放入0℃的电冰箱中冷藏，可保存一段时间；

(2) 将表皮无损的五六成熟的番茄装入塑料袋中，扎紧袋口，放置在阴凉通风处，每天打开袋口5分钟，同时擦去袋内壁上黏附的水汽，再扎紧袋口。待番茄全部红熟时，就不用扎袋口了。可贮存番茄1个月以上；

(3) 挑选果皮、果蒂完整无损的番茄，洗净后放入缸里，上盖一块米字形竹片，上压重物，以免番茄浮上。缸里注入淡盐水，盐水要没过番茄3厘米，置于阴凉处。食用时，将番茄放在清水中泡3小时，去除盐味。可贮存番茄2个月左右。

27. 如何正确贮存豆腐？

答：正确贮存豆腐的方法如下：

（1）先取豆腐重量1/10的食盐，用开水化开，冷却后将豆腐放入，即可防酸防变质；

（2）用50％的热碱水浸泡豆腐15分钟，清水漂净，可保鲜数日；

（3）整块豆腐放入开水中煮沸3～5分钟，然后浸在凉水中，可保鲜24小时；

（4）将豆腐用沸水浸泡1分钟，再换干净沸水，装满容器后密封，将容器浸在冷水中迅速冷却，可使豆腐几天不变酸；

（5）豆腐泡在泡菜里，即能保鲜4～5个月，又不会让泡菜发霉。

28. 如何正确贮存蜂蜜？

答：正确贮存蜂蜜的方法如下：

（1）蜂蜜宜贮存在干燥、凉爽、通风条件好的地方，以防其吸收空气中的水分，当水分含量从正常的17％增加到25％以上时，蜂蜜会发酵变质；

（2）发现蜂蜜有发酵倾向时，要立即倒入玻璃容器内，放入锅内隔水加热至63～65℃，保温30分钟，便能阻断蜂蜜的发酵。

29. 如何正确贮存茶叶？

答：正确贮存茶叶的方法如下：

（1）一般贮存法。家庭少量用茶，一般习惯铁制彩色茶罐、锡瓶、有色玻璃瓶及陶瓷器等贮存。其中以选用有双层盖的铁制彩色茶罐和长颈锡瓶为佳，用陶瓷器贮存茶叶，则以口小腹大者为宜。在用这些容器装茶叶时应检查一下容器是否密闭，而且应将茶叶装实装满，尽量减少容器内的空气。这种贮藏方法虽简单易行，使用起来也很方便，但只宜于短时期贮藏。

（2）用生石灰贮存法。使用干燥剂可使茶叶的保存时间延长到一年左右。生石灰是一种干燥剂，用生石灰保存茶叶时，可先将茶叶用薄质牛皮纸包好，捆牢，分层堆放于干燥而无异味完好的坛子或无锈、无味的小口铁桶四周，在坛和桶的中间放一袋或数袋半风化的生石灰，上面再放茶叶数包，然后用牛皮纸堵塞坛口，上面加盖，置于干燥处，一般1～2月换一次石灰，此法因茶叶不易受潮湿，故保存时间较长，只要按时换石灰，茶质也不易发生变化。

（3）用食品袋贮存法。用两只新的无味、无孔的塑料食品袋，将干燥的茶叶用防潮湿纸包好后，装入其中一只袋内，轻轻挤压，将袋内的空气挤出，然后用绳子扎紧袋口，再将另一只袋反向套在第一只袋的外面，待袋内空气挤出后，再用绳子扎紧袋口，最后放入干燥、无味、密闭的铁桶内贮存。

30. 如何正确贮存食醋?

答：正确贮存食醋的方法如下：

(1) 在食醋中加些盐，久放也不会变质；

(2) 在食醋中加点白酒和盐，久放也不会变质且味道更香；

(3) 在食醋中放点大蒜可防发霉；

(4) 先用纱布过滤，然后加热煮沸，冷却后装入洁净的瓶中，盖严备用。

31. 如何正确贮存海鲜?

答：正确贮存海鲜的方法如下：

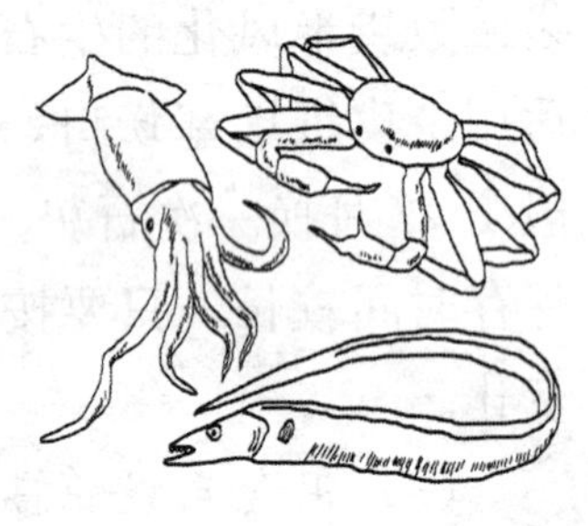

(1) 冰箱保存。生鲜鱼贝类必须先做适当的前处理，才可放入冰箱中贮存。鱼类的处理方式是先将鳃、内脏和鱼鳞去除，以自来水充分洗净，再根据每餐的用量进行切割分装，最后再依序放入冰箱内贮存。虾仁则可以先行去除砂筋，洗净后先用干布把虾仁擦干，加入味精及蛋白、太白粉、色拉油浆好，放入冰箱加以保存，而带壳的虾只需清洗外表就可冷冻或冷藏。蟹类相同。蚌壳类买回后先以清水洗一次再放入注满清水及加入一大匙盐的盆内吐砂。冷冻的扇贝、孔雀贝等可直接送入冷冻或冷藏。

（2）活体储养。在活体储养中又根据品种的不同而有差别：①高中档海鲜。龙虾、鲍鱼、海参、大海蟹、红鲷、三文鱼、飞虎鱼等以上这些海鲜比较名贵，对水质、温度、环境、光照等要求比较高，所以在存养的过程中必须配备新鲜天然海水、水循环冷却及过滤系统、加氧系统，而且要定期对存养的器具进行消毒；②普通海鲜、爬虾、蛤蜊、鲜贝、牡蛎、海肠、章鱼等以上这些海鲜在冬季只要有新鲜海水可以存氧 15 天左右，夏天需要加适量的冰降温。

32. 如何正确贮存土豆？

答：正确贮存土豆的方法如下：

（1）将土豆放在纸箱中，同时放几个未成熟的苹果，苹果会散发乙烯气体，可使土豆保鲜；

（2）将土豆装入草袋，上面撒一层干燥的沙子，放在阴凉、干燥处；

（3）将土豆放入浓度为 1％的稀盐溶液中浸泡 10～20 分钟；

（4）土豆去皮后应存放在加少许醋的冷水中，可防变色。

33. 如何正确贮存新鲜蘑菇？

答：正确贮存新鲜蘑菇的方法如下：

(1) 用清水浸泡可当天保鲜；

(2) 用0.6%的盐水浸10分钟，捞出沥干，装入塑料袋，可保鲜3～5天。浸泡鲜蘑菇切忌使用铁器。

34. 如何正确贮存咸菜？

答：把挤去汁液的咸菜装入小坛后压紧，盖以笋壳，或以麦草秆、高粱秆等代替，用以挡住咸菜。笋壳上再塞上长长的篾条，以其弹性顶住笋壳，不使掉出。倒转小坛，使坛口向下，并浸入盛有少量清水的钵内。坛子宜放在阴凉处，保持坛口坛内清洁，经常换水，不使脏水溅入坛体。

35. 如何正确贮存食用油？

答：正确贮存食用油的方法如下：

(1) 将花生油、豆油入锅加热，放入少许花椒、茴香，待油冷后，倒进搪瓷或陶瓷容器中存放，不但久不变质，做菜用此油，味道也特别香；

(2) 猪油熬好后，趁其未凝结时，加进一点白糖或食盐，搅拌后密封，可久存而不变质；

(3) 把香油装进一小口玻璃瓶内，以每500克油加入精盐1克，将瓶口塞紧不断地摇动，使食盐溶化，放在暗处3日左右，再将沉淀后的香油倒入洗净棕色玻璃瓶中，拧紧瓶盖，置于避光处保存，随吃随取。要注意的是，装油的瓶子切勿用橡皮等有异味的瓶塞，以防变味。

36. 如何正确贮存新鲜荔枝？

答：把过长的荔枝枝梗剪掉，然后将荔枝装进塑料袋内，并扎紧袋口，放置在阴凉处。若有条件，可将装荔枝的塑料袋浸入水中。这样，荔枝经过几天后其色、香、味仍保持不变。应注意的是，选购荔枝时应挑选新鲜的，以利于较长时间的保存。艾叶对延长荔枝保存时间也有效果，因为艾叶有杀菌防腐的作用。还可以放在冰箱冷冻保存。常温下荔枝保鲜不超过一周，低温保鲜期可以延长一个月左右。

37. 如何正确贮存新鲜龙眼？

答：正确贮存新鲜龙眼的方法如下：

（1）常温贮存。利用防腐保鲜剂溶于水后能在龙眼表面迅速形成透明膜，有效地封闭气孔，降低呼吸强度，延长果实衰老，又能起到防腐杀菌作用的机理进行果实防腐处理，然后用聚乙烯薄膜或乙烯-醋酸乙烯酯薄膜袋包装，扎紧薄膜袋，在 28～32℃下贮藏 5～8 天，好果率可达 96%，比不用药物处理的鲜果多保鲜 4～5 天。

（2）低温气调贮藏。适当的温度能降低果实的呼吸强度，有效地抑制多酚氧化酶的活性和微生物的活动。龙眼采收后经过预冷处理，用塑料薄膜包装贮存，并结合药物防腐和低温保藏；这是龙眼贮存的有效方法，该方法可发挥自发气调作用，改变二氧化碳和氧气含量，从而抑制微生物的侵染，降低腐败损失。

（3）熏硫贮存。多用二氧化硫熏蒸和冷藏保鲜处理。因为二氧化硫可有效防止果皮褐变和抑制病原微生物的浸染。用浓度为1%～2%的二氧化硫熏蒸果实，结合冷藏，经熏硫处理的果实在3～5℃的冷库中贮存，每吨果实用硫黄260～380克，熏硫时间为20分钟，贮藏35天，好果率96%。缺点是如果硫黄的量控制不好，果实有硫黄味，影响品质。

（4）气调贮存。龙眼采收后经过预冷，并用药剂防腐杀菌，然后进行装袋、抽气、充氮处理，在低温条件下贮存。贮存期间注意调节贮存环境中O_2与CO_2的比例（注意CO_2浓度过高易产生中毒）。贮存30～40天后仍能保持较新鲜状态。

（5）热烫贮存。将整穗的果实浸于沸腾的开水中30～40秒，以不烫伤果肉为度，热烫取出后挂在阴凉通风处吹干。处理后的果实放置15～25天，果肉基本保持新鲜状态，味道更甜。

（6）速冻贮存。挑选好新鲜果实，进行防裂处理后，把果实的中心温度降至－30℃（一般不超过

1小时)，然后长期贮存于－18℃的冷库中，可贮存一年或更长时间。速冻龙眼从－18℃低温取出后，用0.5％柠檬酸加0.03％维生素C溶液或1％柠檬酸溶液处理，可保持48小时果皮不变色。但采用速冻贮存缺点是龙眼取出后于常温下裂果较严重。

38. 如何正确贮存葡萄酒？

答：正确贮存葡萄酒的方法如下：

（1）适当的酒瓶位置。任何有软木塞的酒都应该横着存放，以保持软木塞湿润，防止空气及微生物的侵入导致氧化及醋化。

（2）适宜的温度和湿度。保存酒的理想温度是摄氏13～15℃之间的恒温，特别避免急速而频繁的温度改变。70％左右的湿度可以帮助防止软木塞干缩。

（3）避免光线。长期暴露在阳光或荧光之下很容易让酒腐化。

（4）避免震动。持续的震动会导致提早醇化。

39. 如何正确贮存洋葱？

答：洋葱应该在室温下贮存，避免阳光直射，这样才能让它们的味道更好。空气流通的环境最适合贮存洋葱。在贮存洋葱时，应该把它们单层平铺，或者把它们放在悬挂的篮子里，或者放在底部垫高的多孔的碗里，这样才能达到多面通风的效果。由于洋葱吸水后会快速腐烂，所以应该避免把洋葱贮存在诸如水槽下等潮湿的地方。同时，还应该避免把它们放在靠近土豆的地方。因为土豆会散发水气，产生乙烯，这会加速洋葱的腐烂。

40. 如何正确贮存绿豆？

答：夏天，很多人家有煲绿豆汤去暑的习惯，但绿豆容易生虫，买回的绿豆可以放在喝可乐的大瓶子里，放到冰箱里面去贮存更好。也可以采取其他方法：①买回来的绿豆放进冰箱冷冻一周后再拿出来，也不会生虫；②把绿豆放到太阳里晒一下，再放几片大蒜在里面就可以了；③把一些花椒用纱布包好放进绿豆里面。

41. 如何正确贮存黑木耳？

答：买回家的黑木耳长时间不吃的话，千万不要放在食品袋中储存，这样黑木耳很容易吸水变味。正确的方式应该是，找一个纸箱下面放一层干净的纸，然后把木耳放在纸箱中，再将纸箱放入冰箱，没有冰箱放在阴凉干燥处即可。如果储存不当变味了，不严重的话可以先用开水冲泡，然后再用凉水泡发，严重的话，千万不要食用。

42. 如何正确贮存剩菜？

答：剩菜并不是绝对不能吃，保存条件一定要格外注意，凉透后应立即放入冰箱。晾凉再放是因为热食物突然进入低温环境，食物的热气会引起水蒸气凝结，促使霉菌生长，从而导致冰箱里的食物霉变。凉透后，要及时放入冰箱，即使在冬季，也不要长时间放在外面，因为冰箱有一定抑菌作用。

不同剩菜，一定要分开储存，可避免细菌交叉污染。还需要用干净的容器密闭储存，如保鲜盒、保鲜袋，或者把碗盘附上一层保鲜膜。

剩菜存放时间不宜过长，最好能在5～6个小时内吃掉。一般情况下，高温加热几分钟，可杀灭大部分致病菌。可如果食物存放的时间过长，产生了亚硝酸盐以及黄曲霉素等，加热就起不到作用了。

第五章　食品添加剂相关知识

1. 什么是食品添加剂？

答：根据《食品添加剂使用标准》（GB2760－2011）的定义：为改善食品品质和色、香、味，以及为防腐、保鲜和加工工艺的需要而加入食品中的人工合成或者天然物质。营养强化剂、食品用香料、胶基糖果中基础剂物质、食品工业用加工助剂也包括在内。目前我国已批准使用的食品添加剂有 22 类 1 513 种。

2. 食品添加剂主要分为哪些类别？

答：食品添加剂按照来源和用途的不同进行分类。

（1）按照其来源的不同可以分为天然食物添加剂和合成食物添加剂。目前使用的大多属于化学合成食品添加剂。

（2）按照其用途的不同分为防腐剂、抗氧化剂、发色剂、漂白剂、酸味剂、凝固剂、疏松剂、增稠剂、消泡剂、甜味剂、着色剂、乳化剂、品质改良剂、抗结剂、增味剂、酶制剂、被膜剂、发泡剂、保鲜剂、香料、营养强化剂和其他添加剂22类。

3. 食品添加剂的主要作用是什么？

答：食品添加剂的主要作用如下：

（1）有利于食品的保藏，防止食品败坏变质。例如：防腐剂可以防止由微生物引起的食品腐败变质，延长食品的保存期，同时还具有防止由微生物污染引起的食物中毒作用。这些对食品的保藏都是具有一定意义的。

（2）改善食品的感官性状。食品的色、香、味、形态和质地等是衡量食品质量的重要指标。适当使用着色剂、护色剂、漂白剂、食用香料以及乳化剂、增稠剂等食品添加剂，可明显提高食品的感官质量，满足人们的不同需要。

（3）保持或提高食品的营养价值。在食品加工时适当地添加某些属于天然营养范围的食品营养强化剂，可以大大提高食品的营养价值，这对防止营养不良和营养缺乏、促进营养平衡、提高人们健康水平具有重要意义。

（4）增加食品的品种和方便性。现在市场上已拥有多达20 000种以上的食品可供消费者选择，尽管这些食品的生产大多通过一定包装及不同加工方法处理，但在生产工程中，一些色、香、味俱全的产品，大都不同程度地添加了着色、增香、调味乃至其他食品添加剂。正是这些众多的食品，尤其是方便食品的供应，给人们的生活和工作带来极大的方便。

（5）有利食品加工制作，适应生产的机械化和自动化。在食品加工中使用消泡剂、助滤剂、稳定和凝固剂等，可有利于食品的加工操作。

（6）满足其他特殊需要。食品应尽可能满足人们的不同需求。例如，糖尿病人不能吃糖，则可用无营养甜味剂或低热能甜味剂。

4.《食品添加剂新品种管理办法》何时开始实施的？

答：中华人民共和国卫生部于 2010 年 3 月 30 日发布《食品添加剂新品种管理办法》，并于公布之日起施行。卫生部 2002 年 3 月 28 日发布的《食品添加剂卫生管理办法》同时废止。

5. 食品添加剂新品种是指哪些？

答：根据《食品添加剂新品种管理办法》第二条规定，食品添加剂新品种是指：

（1）未列入食品安全国家标准的食品添加剂品种；

（2）未列入卫生部公告允许使用的食品添加剂

品种；

（3）扩大使用范围或者用量的食品添加剂品种。

6. 新版的《食品添加剂使用标准》（GB 2760－2011）是何时实施的？

答：新版的《食品添加剂使用标准》（GB 2760－2011）于2011年6月20日实施。此标准将代替《食品添加剂使用卫生标准》（GB2760－2007）。

7.《食品添加剂使用标准》（GB 2760－2011）与《食品添加剂使用卫生标准》（GB 2760－2007）相比，主要有哪些变化？

答：《食品添加剂使用标准》（GB 2760－2011）与《食品添加剂使用卫生标准》（GB 2760－2007）相比，主要有如下变化：

（1）修改了标准名称；

（2）增加了2007年至2010年第4号卫生部公告的食品添加剂规定；

（3）调整了部分食品添加剂的使用规定；

（4）删除了表A.2食品中允许使用的添加剂及使用量；

（5）调整了部分食品分类系统，并按照调整后的食品类别对食品添加剂使用规定进行了调整；

（6）增加了食品用香料、香精的使用原则，调整了食品用香料的分类；

（7）增加了食品工业用加工助剂的使用原则，调整了食品工业用加工助剂名单。

8.《食品添加剂使用标准》（GB 2760－2011）的范围是什么？

答：根据《食品添加剂使用标准》（GB 2760－2011）规定，该标准适用于直接提供给消费者的预包装食品标签和非直接提供给消费者的预包装食品标签。不适用于为预包装食品在储藏运输过程中提供保护的食品储运包装标签、散装食品和现制现售食品的标识。

9. 使用食品添加剂时应符合什么基本要求？

答：根据《食品添加剂新品种管理办法》第四条规定，使用食品添加剂时应符合下列要求：

（1）不应当掩盖食品腐败变质；

（2）不应当掩盖食品本身或者加工过程中的质量缺陷；

（3）不以掺杂、掺假、伪造为目的而使用食品添加剂；

（4）不应当降低食品本身的营养价值；

（5）在达到预期的效果下尽可能降低在食品中的用量；

（6）食品工业用加工助剂应当在制成最后成品之前去除，有规定允许残留量的除外。

10. 在哪些情况下食品添加剂可以通过食品配料（含食品添加剂）带入食品中？

答：在下列情况下食品添加剂可以通过食品配料（含食品添加剂）带入食品中：

（1）根据《食品添加剂使用标准》（GB2760－2011），食品配料中允许使用该食品添加剂；

（2）食品配料中该添加剂的用量不应超过允许的最大使用量；

（3）应在正常生产工艺条件下使用这些配料，并且食品中该添加剂的含量不应超过由配料带入的水平；

（4）由配料带入食品中的该添加剂的含量应明显低于直接将其添加到该食品中通常所需要的水平。

11. 什么情况下可以使用食品添加剂？

答：下列情况下可以使用食品添加剂：

（1）保持或提高食品本身的营养价值；

（2）作为某些特殊膳食用食品的必要配料或成分；

（3）提高食品的质量和稳定性，改进其感官特性；

（4）便于食品的生产、加工、包装、运输或者贮藏。

12. 应该如何选用食品添加剂？

答：选用食品添加剂时，首先要充分了解我国政府制定的有关食品添加剂的卫生法规，并严格遵循。此外，选用食品添加剂还要注意下列原则：食品添加剂对食品的营养素不应有破坏作用，也不得影响食品的质量和风味；食品添加剂不得用于掩盖食品腐败变质等缺陷；选用的食品添加剂应符合相应的质量指标，用于食品后不得分解产生有毒物质；食品添加剂加入食品中后能被分析鉴定出来。

13. 什么是食品添加剂的残留量？

答：食品添加剂或其分解产物在最终食品中的允许残留水平。如果按照标准检测方法检出食品添加剂的残留量超过《食品添加剂使用标准》（GB2760－2011）规定的残留量水平则是违法的。

14. 什么是食品添加剂的最大使用量？

答：食品添加剂使用时所允许使用的最大添加量。如果超过《食品添加剂使用标准》（GB2760－2011）中规定的最大使用量，应按照《食品添加剂卫生管理办法》规定，向卫生部提出审批。卫生部批准后方可使用。

15. 什么是食品用加工助剂？

答：食品用加工助剂是保证食品加工能顺利进行的各种物质，与食品本身无关。如助滤、澄清、吸附、润滑、脱模、脱色、脱皮、提取溶剂、发酵用营养物质等。

16. 在哪些情况下，卫生部应当及时组织对食品添加剂进行重新评估？

答：根据《食品添加剂新品种管理办法》第十四条规定。有下列情形之一的，卫生部应当及时组织对食品添加剂进行重新评估：

（1）科学研究结果或者有证据表明食品添加剂安全性可能存在问题的；

（2）不再具备技术上必要性的。

对重新审查认为不符合食品安全要求的，卫生部可以公告撤销已批准的食品添加剂品种或者修订其使用范围和用量。

17. 食品添加剂新品种生产、经营、使用或者进口的申请人，除了应提出食品添加剂新品种许可申请外，还应该提交哪些材料？

答：申请食品添加剂新品种生产、经营、使用或者进口的申请人，应当提出食品添加剂新品种许可申请，并提交以下材料：

（1）添加剂的通用名称、功能分类，用量和使用范围；

（2）证明技术上确有必要和使用效果的资料或者文件；

（3）食品添加剂的质量规格要求、生产工艺和检验方法，食品中该添加剂的检验方法或者相关情况说明；

（4）安全性评估材料，包括生产原料或者来源、化学结构和物理特性、生产工艺、毒理学安全性评价资料或者检验报告、质量规格检验报告；

（5）标签、说明书和食品添加剂产品样品；

（6）其他国家（地区）、国际组织允许生产和使用等有助于安全性评估的资料。

申请食品添加剂品种扩大使用范围或者用量的，可以免于提交前款第四项材料，但是技术评审中要求补充提供的除外。

18. 什么叫合成色素？

答：人工合成色素一般较天然色素色彩鲜艳，坚牢度大，性质稳定，着色力强，并且可以任意调色，因此使用方便，成本较低。但合成色素无营养价值，容易对人体有害，因此目前世界各国允许使用的合成色素已从100多种缩小到10多种，我国目前允许使用的合成色素有8种。

19. 天然色素和合成色素各有什么特点？

答：天然色素和合成色素各有特点：

（1）天然色素有哪些特点。天然色素的颜色易受金属离子、水质、pH、氧化、光照、温度的影响，一般较难分散，染着性、着色剂间的相溶性较差，在色素含量和稳定性等方面不如合成色素，且价格较高，保质期短。由于大多来自水果、蔬菜和动植物，因而对人体的安全性较高、能更好地模仿天然物的颜色，色调较自然。

（2）合成色素有哪些特点。与天然色素相比，合成色素色泽鲜艳，不易退色，色调多、性能稳定、着色力强、坚牢度大、易调色、使用方便、成本低廉、应用广泛，但是用量和使用范围受到严格限制。但是具有毒性（包括毒性、致泻性和致癌性）。这些毒性源于合成色素中的砷、铅、铜、苯酚、苯胺、乙醚、氯化物和硫酸盐，它们对人体均可造成不同程度的危害。在我国公布的《食品添加剂使用卫生标准》中规定了色素中砷、铅、铜、苯酚、苯胺、各种氯化物的含量，这些规定是为了限制色素中的杂质，以减少对人体的毒害。

20. 我国允许使用并已制定有国家标准的天然食用色素有哪些？

答：姜黄素、虫胶色素、红花黄素、叶绿素铜钠盐、辣椒红色素、酱色、红曲米及β-胡萝卜素等。

21. 什么是漂白剂？

答：漂白剂是一些化学物品，透过氧化反应以达至漂白物品的功用，而把一些物品漂白即把它的颜色去除或变淡。常用的化学漂白剂通常分为两类：氯漂白剂及氧漂白剂。氯漂白剂含次氯酸钠，而氧漂白剂则含有过氧化氢或一些会释放过氧化物的化合物，譬如过硼酸钠或过碳酸钠。漂白粉的成分通常是次氯酸钙。漂白也是染色过程中的初期步骤。

22. 什么是防腐剂？

答：防腐剂是一类具有抗菌作用，能有效地杀灭或抑制微生物生长繁殖，防止食品腐败变质的物质。

23. 食品中为什么要用防腐剂？

答：食品在一般的自然环境中，由于微生物的作用使其失去原有的营养价值、组织性状以及色、香、味，变成不符合卫生要求的食品。为防止食品腐败，必须抑制、杀灭微生物或造成不适于微生物的生长环境；或使食品与外界环境隔绝，不与水分、空气接触，以防止微生物的再污染。食品防腐剂能防止食品因微生物引起的腐败变质，使食品在一般的自然环境中具有一定的保存期。所以，食品都必须使用适当的防腐技术。

24. 什么是抗氧化剂？

答：能阻止或延迟食品氧化，提高食品质量的稳定性和延长贮存期的食品添加剂称为抗氧化剂。

25. 什么是乳化剂？

答：乳化剂是分子中同时含有亲水性和亲油性基团的表面活性剂，它能改善乳化体系中各组分的表面张力，形成均匀分散的乳化体或分散体。

在食品制造业中，可使油脂与水乳化分散，可以改进食品组织结构、口感、外观、提高食品质量和保存性。在面包、面条、饼干、豆腐、鱼肉馅制品、糖果、冰激凌、果酱和果馅、人造牛奶和黄油、方便食品和乳制品等的制作中应用较广，乳化剂是食品添加剂中使用量较大的一类。

26. 什么是增稠剂？

答：增稠剂也称为糊料、增黏剂，能改善食品的物理性质，增加食品的黏度，赋予食品以黏滑的口感，还可以改善或稳定食品的稠度，保持食品水分，也可作乳化剂、稳定剂使用。

27. 什么是发色剂？

答：发色剂，在烹饪中添加适量的化学物质与食品中某些成分作用使制品呈现良好的色泽，这种化学成分就称为发色剂。发色剂有单独使用的，也有与发色助剂（抗坏血酸钠、异抗坏血酸钠等）并用的。发色剂可分为肉类使用的亚硝酸盐、硝酸盐和蔬菜、果实中使用的硫酸亚铁两类。

28. 什么是酸味剂？

答：以赋予食品酸味为主要目的添加剂总称为酸味剂。它往往既能抑制微生物，具有一定的防腐功能，又有助于溶解维生素和钙、磷等矿物质，促进消化吸收。常用的酸味剂有柠檬酸、酒石酸、苹果酸、醋酸、磷酸。

29. 什么是甜味剂？

答：指能赋予食品甜味的一类添加剂。甜味剂按结构分四类：①糖类：白糖、葡萄糖、果糖、果葡糖；②糖醇类：木糖醇、山梨糖醇、甘露糖醇、乳糖醇和麦芽糖醇；③合成类：糖精、甜蜜素、天门冬酰苯丙氨酸甲酯（AMP）、乙酸磺氨酸钾，此类甜味剂低热量、高甜度；④天然物：甜菜菊、甘草甜素、罗汉果苷等，热量低。

30. 什么是增味剂？

答：是指能增强或改进食品风味、引起强烈食欲的一类物质。我国允许使用的氨基酸类型和核苷酸类型增味剂，有5’-鸟苷酸二钠、5’-肌苷酸二钠、5’-呈味核苷酸二钠等6种。

31. 什么是食品营养强化剂？

答：营养强化剂是指为增强营养成分而加入食品中的天然或人工合成的属于天然营养素范围的食品添加剂。营养强化剂主要包括氨基素、维生素和矿物质。

32. 什么是凝固剂？

答：凝固剂：是使食品中胶体（果胶、蛋白质等）凝固为不溶性凝胶状态的食品添加剂，又被称为组织硬化剂。琼脂是固体和半固体培养基常用的凝固剂。

33. 什么是疏松剂？

答：疏松剂又名泡打粉、发泡粉、发酵粉和速发粉。主要用于蛋糕、油条、包子、饼干、桃酥类等面制品的快速制作，具有产气多、用量少、蓬松快、色泽好的特点，是理想的复合疏松剂。常见的疏松剂有碳酸氢钠和碳酸氢铵。

34. 什么是消泡剂？

答：消泡剂，又称为抗泡剂，在工业生产的过程中会产生许多有害泡沫，需要添加消泡剂。广泛应用于清除胶乳、纺织上浆、食品发酵、生物医药、涂料、石油化工、造纸、工业清洗等行业生产过程中产生的有害泡沫。

35. 什么是着色剂？

答：着色剂为使食品着色的物质，可增加对食品的嗜好及刺激食欲。按来源分为化学合成色素和天然色素两类。

我国允许使用的化学合成色素有：苋菜红、胭脂红、赤藓红、新红、柠檬黄、日落黄、靛蓝、亮蓝，以及为增强上述水溶性酸性色素在油脂中分散性的各种色素。

我国允许使用的天然色素有：甜菜红、紫胶红、越桔红、辣椒红、红米红等45种。

36. 什么是品质改良剂？

答：是指在食品生产或加工中能提高和改善食品品质的食品添加剂，也称为保质剂。品质改良剂是通过保水、保湿、改善流变性能和整合金属离子等来改良食品品质，即改进感官质量和理化质量的。常用的品质改良剂有磷酸盐和聚磷酸盐。

37. 什么是抗结剂？

答：添加于颗粒、粉末状食品中，防止颗粒或粉状食品聚集结块、保持其松散或自由流动的物质。我国允许使用的有亚铁氰化钾、硅铝酸钠、磷酸三钙、二氧化硅、微晶纤维素5种。

38. 什么是酶制剂？

答：酶制剂是指从生物中提取的具有酶特性的一类物质，主要作用是催化食品加工过程中各种化学反应，改进食品加工方法。中国已批准的有木瓜蛋白酶、α-淀粉酶制剂、精制果胶酶、β-葡萄糖酶等6种。酶制剂来源于生物，一般地说较为安全，可按生产需要适量使用。

39. 什么是被膜剂？

答：被膜剂是一种覆盖在食物的表面后能形成薄膜的物质，可防止微生物入侵，抑制水分蒸发或吸收和调节食物呼吸作用。现允许使用的被膜剂有紫胶、石脂、白色油（液体石蜡）、吗啉脂肪酸盐（果蜡）、松香季戊四醇酯等7种，主要应用于水果、蔬菜、软糖、鸡蛋等食品的保鲜。

40. 什么是发泡剂？

答：所谓发泡剂就是使对象物质成孔的物质，它可分为化学发泡剂和物理发泡剂和表面活性剂三大类。化学发泡剂是那些经加热分解后能释放出二氧化碳和氮气等气体，并在聚合物组成中形成细孔的化合物；物理发泡剂就是泡沫细孔是通过某一种物质的物理形态的变化，即通过压缩气体的膨胀、液体的挥发或固体的溶解而形成的；发泡剂均具有较高的表面活性，能有效降低液体的表面张力，并在液膜表面双电子层排列而包围空气，形成气泡，再由单个气泡组成泡沫。

41. 什么是保鲜剂？

答：保证食物新鲜的一类物质。苯甲酸是世界各国允许使用的一种食品保鲜剂，它在动物体内易随尿液排出体外，不蓄积，毒性低且价格低廉，目前占据国内大部分保鲜剂市场。

42. 什么叫香料？

答：香料，英文一般用 spice，指称范围不同，主要指胡椒、丁香、肉豆蔻、肉桂等有芳香气味或防腐功能的热带植物。具有令人愉快的芳香气味，能用于调配香精的化合物或混合物。按其来源有天然香料和合成香料，按其用途有日用化学品用香料、食用香料和烟草香料之分。

43. 如何避免购买食品添加剂超标的劣质食品？

答：购买时，要选择知名企业的食品。小食品作坊生产的食品切不可轻易购买。还要注意观察食品外包装标识是否规范，生产日期和保质期是否齐全，一些罐头、饮料等颜色是否过于鲜艳。在罐头中除了用于装饰用的红樱桃可以添加着色剂外，其余的罐头不可添加着色剂。对于腌制品和熏制品，应注意不可过多食用。

44. 面粉中添加漂白剂对面粉有什么影响？

答：在面粉中添加漂白剂可使小麦白度增加3～4度，且白度稳定，从而提高了面粉的等级和价格，使面粉熟化期从2个月缩到1～2天，缩短库存和周转期。同时提高面粉的吸水量，延长保存期。缺点是氧化型漂白剂不但能使黄色的β胡萝卜素退色，同时也可使维生素A、维生素E、维生素B1受到破坏。

45. 双氧水漂白食品是否合法？吃漂白过的食品是否有“潜在危险”呢？

答：双氧水具有漂白作用，我国《食品添加使用卫生标准》中明确规定，在食品加工过程中可使用食用级双氧水，因此，只要合理使用食用级的双氧水是合法的。但由于双氧水对人体有害，国家又有规定，保证终端产品不允许含有双氧水成分。双氧水易还原、挥发，经加热等工序后不会存在于终端产品中。因此，只要严格按法规生产的产品，出厂后就不应含有双氧水，对人体就没有“潜在危险”了。

第六章 食品标签相关知识

1. 什么是预包装食品？

答：预包装食品是指经预先定量包装，或装入、灌入、容器中，向消费者直接提供的食品。

预包装食品不是食品的种类，仅仅是为与裸装（裸体）食品加以区别。这里强调的是“定量包装”和“向消费者直接提供的”。非定量包装，如为了防止运输过程污染的运输包装，或商店称量销售的简易包装水果、蔬菜、水产食品、畜（肉）、禽（肉）、蛋类、小块糖果、巧克力、即食的快餐盒饭等等，不属于预包装食品；不向消费者直接销售的食品企业和餐饮业使用的原料、辅料，即使具有包装，也不属于 GB 7718 界定的预包装食品。

2. 《预包装食品标签通则》（GB7718－2004）是何时公布？何时实施的？

答：《预包装食品标签通则》（GB7718－2004）是由中华人民共和国国家质量监督检验检疫总局和中国国家标准化管理委员会 2004 年 5 月 9 日公布，

于2005年10月1日起正式施行。

3.《预包装食品标签通则》(GB7718－2011) 是何时公布? 何时实施的?

答:《预包装食品标签通则》(GB7718－2004) 是由中华人民共和国国家质量监督检验检疫总局和中国国家标准化管理委员会2011年4月20日发布, 于2012年4月20日实施。

4.《预包装食品标签通则》(GB7718－2011) 要求预包装食品必须标示哪些内容?

答:《预包装食品标签通则》(GB7718－2011) 要求食品加工企业必须按照标准要求正确标注标签。预包装食品必须标示的内容包括食品名称、配料清单、净含量和沥干物、固形物、含量、制造者的名称和地址、生产日期或包装日期和保质期、产品标准号。如果消费者发现并证实其标签的标识与实际品质不符, 可以依法投诉并可获得赔偿。

5.《预包装食品标签通则》(GB7718－2011) 与《预包装食品标签通则》(GB7718－2004) 相比, 有何变化?

答:《预包装食品标签通则》(GB7718－2011)

与《预包装食品标签通则》（GB7718－2004）相比，有九个方面的变化：

（1）修改了适用范围。2004版标准适用于提供给消费者的所有预包装食品，而2011版将适用范围修改为直接提供给消费者的预包装食品标签和非直接提供给消费者的预包装食品标签，并明确指出2011版标准不适用于为预包装食品在储藏运输过程中提供保护的食品储运包装标签、散装食品和现制现售食品的标识，使标准的适用范围更加明确。

（2）修改了部分术语定义。2011版标准修改了预包装食品和生产日期的定义，增加了规格的定义，取消了保存期的定义，但保质期要求维持不变。

（3）修改了食品添加剂的标示方式。2004版标准规定甜味剂、防腐剂、着色剂应标示具体名称，其他食品添加剂可以按GB2760的规定标示具体名称或种类名称，而2011版标准明确规定食品添加剂应当标示其在GB2760中的食品添加剂的通用名称。

（4）增加了规格的标示方式。2011版标准在规定产品净含量标注方式的基础上增加了规格的标示要求，规定同一预包装内含有多个单件预包装食品时，大包装在标示净含量的同时还应标示规格。

（5）修改了生产者、经销者的标示方式。2004版标准规定了标签上需要标注制造者、经销者依法注册的名称和地址，而2011版标准规定除了名称和地址外还需标注联系方式。同时 2011 版标准明确进口食品可不标示生产者的名称、地址和联系方式。

（6）修改了强制标示内容字符高度的要求。2004 版标准规定包装物或者包装容器最大表面积大于 20 平方厘米时，强制标示内容的文字、符号、数字的高度不得小于 1.8 毫米，2011 版标准将最大表面积增大到 35 平方厘米。

（7）增加了致敏物质的推荐标示要求。2011 版标准列举了大豆、乳及乳制品、坚果等 8 类可能导致过敏反应的食品及其制品，并规定如果这些食品及其制品用作原料，宜在配料表中使用易辨识的名称，或在配料表邻近位置加以提示。

（8）修改了附录 A 中最大表面积的计算方法。2011 版标准在计算最大表面积时规定包装袋等计算表面面积时应除去封边所占尺寸，使最大表面积计算更加科学精确。

（9）加了附录 B 和附录 C。2011 版标准增加了附录 B《食品添加剂在配料表中的标示形式》和附录 C《部分标签项目的推荐标示形式》，通过举例的方式使标签标准规定条款更易于理解掌握。

6. 如何理解食品标签？

答：根据强制性国家标准《预包装食品标签通则》（GB7718－2004）中的定义，食品标签是指食品包装上的文字、图形、符号及一切说明物。食品标签可分为两种形式：一种是把文字、图形、符号印制或压印在食品的包装盒、袋、瓶、罐或其他包装容器上；一种是单独印制纸签、塑料薄膜签或其他制品签，黏贴在食品包装容器上。无论采用哪种形式，都是食品制造者、包装者（或分装者）或经销者向消费者的承诺。

“一切说明物”包括吊牌、附签或商标。食品标签可以理解为是在食品包装容器上或附于食品包装容器上的一切附签、吊牌、文字、图形、符号等说明物，它是对食品质量特性、安全特性、食用说明的描述。

7. 与食品标签有关的法律法规及标准有哪些？

答：与食品标签有关的法律和部门规章包括《中华人民共和国标准化法》、《中华人民共和国产品质量法》、《中华人民共和国食品卫生法》、《中华人民共和国消费者权益保护法》、《中华人民共和国反不正当竞争法》、《禁止食品加药卫生管理办法》、《产品标识标注规定》（技监局监发［1997］172号）、《定量包装商品计量监督规定》（国家质量技术监督局令第43号）和《食品标识管理规定》（国家质检总局第102号令）等。

有关食品标签的强制性国家标准有 GB7718－2004《预包装食品标签通则》、GB13432－2004《预包装特殊膳食用食品标签通则》、GB10344－2005《预包装饮料酒标签通则》等。一些食品产品标准中也都对具体产品的标签要求做了规定。

8.《食品标识管理规定》是什么时间实施的？

答：《食品标识管理规定》是于 2008 年 9 月 1 日起正式施行。原国家技术监督局公布的《查处食品标签违法行为规定》同时废止。

9.《食品标识管理规定》的适用范围是哪些？

答：根据《食品标识管理规定》第二条规定，在中华人民共和国境内生产（含分装）、销售的食品的标识标注和管理，适用《食品标识管理规定》。

10. 什么是食品标识？

答：根据《食品标识管理规定》第三条规定，食品标识是指黏贴、印刷、标记在食品或者其包装上，用以表示食品名称、质量等级、商品量、食用或者使用方法、生产者或者销售者等相关信息的文字、符号、数字、图案以及其他说明的总称。

11. 预包装食品上的包装标签应当标明哪些事项？

答：根据《中华人民共和国食品安全法》第四十二条规定，预包装食品的包装上应当有标签。标签应当标明下列事项：

①名称、规格、净含量、生产日期；②成分或者配料表；③生产者的名称、地址、联系方式；④保质期；⑤产品标准代号；⑥贮存条件；⑦所使用的食品添加剂在国家标准中的通用名称；⑧生产许可证编号；⑨法律、法规或者食品安全标准规定必须标明的其他事项。专供婴幼儿和其他特定人群的主辅食品，其标签还应当标明主要营养成分及其含量。

12. 预包装食品标签基本要求有哪些？

答：预包装食品标签基本要求包括以下三点：

（1）标签必须真实。生产企业应按食品的基本属性标注食品名称。

（2）标签必须有科学性。食品标签上的语言、文字、图形、符号必须准确、科学。

（3）标签必须规范。食品标签的汉字必须是合格规范的汉字，不得使用不规范的简化字和淘汰的异体字。

13. 预包装饮料酒标签有哪些基本要求？

答：预包装饮料酒标签除符合GB7718对食品标签的通用要求外，增加了两条基本要求。

（1）每个最小包装（销售单元）都应有强制标示内容；如果在内包装容器（瓶）的外面另有直接向消费者交货的包装物（盒）时，也可以只在包装物（盒）上标注强制标示内容。其外包装（或大包装）按相关产品标准执行。

（2）所有标示内容均不应另外加贴、补印或篡改。

14. 为什么销售包装食品上要有食品标签？

答：主要原因有：

（1）广大消费者的需要。广大消费者可以借助食品标签来选购食品。通过观察标签的整个内容，了解食品名称，了解其内容物是什么食品，是由什么原料和辅料制成的，以及生产厂家和质量情况等。

（2）生产者和经销者的需要。他们通过标签来扩大宣传，让广大消费者了解企业和产品；同时，不同生产企业以自己特有的标签标志来维护自己的合法权益，以防其他假冒自己的标签食品。

（3）出口和国际食品行业技术交流的需要。

（4）贯彻落实《食品卫生法》的需要。

（5）国民经济治理整顿的需要，是加强法则建设的需要。

15. 怎样利用食品标签选购食品？

答：消费者可以从以下五个方面利用食品标签选购食品：

（1）从食品标签上标明的食品名称区别食品的内涵和质量特征；

（2）从配料表或成分表上识别食品的内在质量及特殊效用；

（3）从净含量或固形物含量上识别食品的数量及价值；

（4）从生产日期和保质期上识别食品的新鲜程度；

（5）利用标签的其他内容指导购买。

16. 在中国境内销售的进口食品，必须使用哪些标识？

答：根据《中华人民共和国食品安全法》第六十六条 进口的预包装食品应当有中文标签、中文说明书。标签、说明书应当符合《食品安全法》以及我国其他有关法律、行政法规的规定和食品安全国家标准的要求，载明食品的原产地以及境内代理商的名称、地址、联系方式。预包装食品没有中文标签、中文说明书或者标签、说明书不符合本条规定的，不得进口。

17. 保健食品标签和说明书必须应标明的内容有哪些？

答：保健食品标签和说明书必须应标明的内容包括：食用方法、保健作用和适宜人群、储藏方法、适宜的食用量。

18. 所有预包装食品标签的产品配料表中必须标明的具体名称是哪些？

答：所有预包装食品标签的产品配料表中必须标明的具体名称包括防腐剂、甜味剂、着色剂。

19. 限期使用的产品，应当在显著位置清晰地标明什么？

答：限期使用的产品，应当在显著位置清晰地标明生产日期、安全使用期或者失效日期。

20. 食品标签有什么作用？

答：食品标签的作用包括以下五点：

(1) 引导、指导消费者选购食品；

(2) 促进销售；

(3) 向消费者承诺；

(4) 向监督机构提供监督检查依据；

(5) 维护食品制造者的合法权益。

21. 谁对食品标签、说明书的内容负责？

答：根据《中华人民共和国食品安全法》第四十八条规定，食品和食品添加剂的标签、说明书，不得含有虚假、夸大的内容，不得涉及疾病预防、治疗功能。生产者对标签、说明书上所载明的内容负责。

22. 在哪些情形下，食品标签必须标注中文说明？

答：根据《食品标识管理规定》第十六条规定，食品有以下情形之一的，应当在其标识上标注中文说明：

(1) 医学临床证明对特殊群体易造成危害的；

(2) 经过电离辐射或者电离能量处理过的；

(3) 属于转基因食品或者含法定转基因原料的；

(4) 按照法律、法规和国家标准等规定，应当标注其他中文说明的。

23. 哪些食品应当在其标签上标注警示标志或者中文警示说明？

答：根据《食品标识管理规定》第十五条规定，混装非食用产品易造成误食，使用不当，容易造成人身伤害的，应当在其标识上标注警示标志或者中文警示说明。

24. 食品标识上的食品名称必须符合哪些要求？

答：根据《食品标识管理规定》第六条规定，食品标识上的食品名称必须符合以下要求：

（1）国家标准、行业标准对食品名称有规定的，应当采用国家标准、行业标准规定的名称；

（2）国家标准、行业标准对食品名称没有规定的，应当使用不会引起消费者误解和混淆的常用名称或者俗名；

（3）标注“新创名称”、“奇特名称”、“音译名称”、“牌号名称”、“地区俚语名称”或者“商标名称”等易使人误解食品属性的名称时，应当在所示名称的邻近部位使用同一字号标注本条前两项规定的一个名称或者分类（类属）名称；

（4）由两种或者两种以上食品通过物理混合而成且外观均匀一致难以相互分离的食品，其名称应当反映该食品的混合属性和分类（类属）名称；

（5）以动、植物食物为原料，采用特定的加工工艺制作，用以模仿其他生物的个体、器官、组织等特征的食品，应当在名称前冠以“人造”、“仿”或者“素”等字样，并标注该食品真实属性的分类（类属）名称。

25. 食品标识不得标注哪些内容？

答：根据《食品标识管理规定》第十八条规定，食品标识不得标注下列内容：

（1）明示或者暗示具有预防、治疗疾病作用的；

（2）非保健食品明示或者暗示具有保健作用的；

（3）以欺骗或者误导的方式描述或者介绍食品的；

（4）附加的产品说明无法证实其依据的；

（5）文字或者图案不尊重民族习俗，带有歧视性描述的；

（6）使用国旗、国徽或者人民币等进行标注的；

（7）其他法律、法规和标准禁止标注的内容。

26. 哪些食品标识是属于违法行为？

答：根据《食品标识管理规定》第十九条规定，禁止下列食品标识违法行为：

（1）伪造或者虚假标注生产日期和保质期；

（2）伪造食品产地，伪造或者冒用其他生产者的名称、地址；

（3）伪造、冒用、变造生产许可证标志及编号；

（4）法律、法规禁止的其他行为。

27. 如何看食品标签？

答：消费者可以从以下四个方面看食品标签：

（1）标签的内容是否齐全。所有食品生产者，都必须按照《食品标签通用标准》正确地标注各项内容。

（2）标签是否完整。食品标签不得与包装容器分开。食品标签的一切内容，不得在流通环节中变得模糊甚至脱落；必须保证消费者购买和食用时醒目、易于辨认和识读。

（3）标签是否规范。食品标签所用文字必须是规范的汉字。可以同时使用汉语拼音，但必须拼写正确，不得大于相应的汉字。可以同时使用少数民族文字或外文，但必须与汉字有严密的对应关系，外文不得大于相应的汉字。食品名称必须在标签的醒目位置，且与净含量排在同一视野内。

（4）标签的内容是否真实。食品标签的所有内容，不得以错误的、容易引起误解或欺骗性的方式描述或介绍食品。“错误的”是指食品标签的设计者由于疏忽或知识的原因在标签上出现的差错。“引起误解的”是指食品标签的内容容易使消费者对食品的真实情况产生错误的联想，从而影响消费者的决策。

28. 食品标签上的营养标示一般包括哪些信息？

答：食品标签上的营养标示一般包括以下信息：

（1）营养成分表：详细列出一份食物中热量和营养素的含量，如脂肪、胆固醇、钠、纤维、维生素及矿物质等；

（2）配料表：把配料含量多少都列了出来，并简单介绍食谱；

（3）健康声明：描述了食品可能对健康产生的益处，如降低心脏病几率等；

（4）结构/功能说明：描述的是某种营养成分或食品物质在维持正常身体机能方面的作用，如“有助于保持骨骼健康”；

（5）营养成分说明：如“低脂”或“高纤”字样，有助于你找到一些能满足特殊营养需求的食物。

29. 特殊营养食品的标签应注意什么问题？

答：特殊营养食品指通过改变食品的天然营养素的成分和含量比例，以适应某些特殊人群营养需要的食品。它主要包括婴幼儿食品、营养强化食品、调整营养素的食品（如低糖食品、低钠食品、低谷蛋白食品）。

特殊营养食品除了标注一般的项目外，还必须标注该产品在保质期内所能保证的热量数值和营养素含量。

特殊营养食品不得标注的内容包括对某种疾病有“预防”或“治疗”作用；“返老还童”、“延年益寿”、“白发变黑”、“齿落更生”、“抗癌治癌”或其他类似用语；“祖传秘方”、“滋补食品”、“健美食品”、“宫廷食品”或其他类似用语；在食品名称前后，冠以药物名称或以药物图形及名称暗示疗效、保健或其他类似作用。

30. 如何识别防伪商标？

答：消费者可以从以下四个方面识别防伪商标：

（1）对温度型防伪标志，即受热后颜色会发生变化的防伪标志，加热识别。如红星牌二锅头商标上有一凸型图案，用烟熏一下，图案的颜色就会由原来的淡黄色变成黑色。

（2）对荧光型防伪标志，即通过专门的防伪鉴别灯一照就会发光的防伪标志，用防伪灯照射识别。如北京市工商局发的营业执照，通过防伪灯照射，发亮部分可清晰地看到一个“海”字。

（3）对激光全息型防伪标志，将图案或人物从不同角度去观察，从产生不同的颜色效应去识别。如百龙矿泉壶的商标，就用激光全息法印制了该公司总经理的头像。

（4）对隐形技术的防伪标志，用太阳光或聚光电筒照射，从能否反射出一种图案来识别。如新疆伊犁特曲的商标，用太阳光一照，就能看到“伊犁”二字。

31. 为什么要看配料表?

答：如果想知道某食品的制作原料，有没有添加香精、色素、防腐剂，那么可以查看食品配料表。国家要求所有配料都要写在标签上，包括水和食品添加剂。配料表的顺序是按照添加量由多到少排列的。大家关注的食品添加剂，例如甜味剂、防腐剂、着色剂等，虽然用量不多仍须标注，而且要标示具体名称，这样，不仅能让消费者清楚到底添加了什么，还能方便食品监管部门检查添加量是否过量。当然，如果食品中添加了某种成分却不在标签上标注，食品监管部门是会查处的。此外，如果某种食品在标签或食品说明书上特别强调添加了一种或数种有价值、有特性的配料，或强调某种或数种配料的含量与一般同类食品不同时，都应在标签的适当部位标示含量，如高钙饼干要标示钙的添加量，低糖食品要标示糖的含量。

32. 对于伪造或者虚假标注食品生产日期和保质期的行为应该受到怎样处罚？

答：根据《食品标识管理规定》第三十二条规定，伪造或者虚假标注食品生产日期和保质期的，责令限期改正，处以500元以上1万元以下罚款；情节严重，造成后果的，依照有关法律、行政法规规定进行处罚。

33. 食品标识的监督管理工作由哪个部门负责？

答：根据《食品标识管理规定》第四条规定，国家质量监督检验检疫总局在其职权范围内负责组织全国食品标识的监督管理工作。

县级以上地方质量技术监督部门在其职权范围内负责本行政区域内食品标识的监督管理工作。

34. 哪些预包装食品可以免除标示保质期？

答：乙醇含量10%或10%以上的饮料酒，食醋，食用盐，固态食糖类。

35. 应该按哪些方式标识保质期？

答：生产者可以选择以下五种方式标识保质期：

（1）“最好在……之前食用”或“最好在……之前饮用”；

（2）“……之前最佳”，“……之前食用最佳”或“……之前饮用最佳”；

（3）“此日期前最佳……”，“此日期前食用最佳……”或“此日期前饮用最佳……”；

（4）“保质期（至）……”；

（5）“保质期××个月［××日（天），×××年］”。

36. 应该按哪些方式标识保存期？

答：生产者可以选择以下四种方式标识保存期：

（1）“……之前食用”，或“……之前饮用”；

（2）“此日期前食用”，或“此日期前饮用……”；

（3）“保存期（至）……”；

（4）“保存期××个月［××日（天），×××年］”。

37. 什么是食品营养标签？

答：食品营养标签是向消费者提供食品营养成分信息和特性的说明，包括营养成分表、营养声称和营养成分功能声称。

38. 食品标签中可以标示营养素的作用吗？

答：根据标准规定，预包装食品和预包装特殊膳食用食品均可以在食品标签上声称（标示）营养素对人体的生理作用。但是只能声称某种营养素对人体的生理作用，不得声称或暗示有治愈、治疗或防止疾病的作用，“不得声称所示产品本身具有某种营养素的功能”，这是为与保健食品划清界限。经过批准的保健食品已经证实产品本身可以调节人体机能，而营养素本身具有的功能取决于人体摄入量，因此不能声称产品本身具有某种营养素的功能。

39. 哪种情况的食品不必标示营养成分？

答：以下六种情况下的食品不必标识营养成分：

（1）食品每日食用量不足10克（g）或10毫升（ml）；

（2）包装的生肉、生鱼、生蔬菜和水果；

（3）包装的总表面积小于100平方厘米（cm^2）的食品；

（4）现制现售的食品；

（5）酒精含量大于等于0.5%的产品；

（6）其他法律、行政法规、标准规定可以不标示标签的食品。

40. 酒类需要标示营养标签吗?

答:《食品营养标签管理规范》明文规定酒精含量大于等于0.5%的产品均属于豁免范围。

41. 超市面包制造点销售的面包需要标示营养标签吗?

答:可以不标示营养标签。在面包房、面包制作点现场制作、现场销售的食品可以不标示营养标签。

42. 调味品需要标示营养标签吗?

答:对于味精、花椒、大料、桂皮等每日摄入量小于10克的调味品,可以不标示营养标签。因为这些食物的营养成分摄入量小,对人体健康影响较小。

第七章　食品标准化相关知识

1. 什么叫标准？

答：2000年发布的GB/T1.1－2000中将标准定义为："为在一定的范围内获得最佳秩序，对活动或其结果规定共同的和重复使用的规则、导则或特性文件。该文件经协商一致制定并经一个公认机构的批准。"

2. 什么是标准化？

答：为了在一定的范围内获得最佳的秩序，对实际的或潜在的问题制定共同使用和重复使用的条款的活动。标准化的主要作用在于为了预期目的改进产品、过程或服务的适用性、防止贸易壁垒，并促进技术合作。

3. 什么叫技术标准？如何分类？

答：对标准化领域中需要协调统一的技术事项所制定的标准，称为技术标准。它是从事生产、建设及商品流通的一种共同遵守的技术依据。技术标准的分类方法很多，按其标准化对象特征和作用，可分为基础标准、产品标准、方法标准、安全卫生与环境保护标准等；按其标准化对象在生产流程中的作用，可分为零部件标准、原材料与毛坯标准、工装标准、设备维修保养标准及检查标准等；按标准的强制程度，可分为强制性与推荐性标准；按标准在企业中的适用范围，又可分为公司标准、工厂标准和科室标准等。

4. 《食品安全国家标准管理办法》何时施行？

答：《食品安全国家标准管理办法》于2010年9月20日经卫生部部务会议审议通过，自2010年12月1日起正式施行。

5. 食品安全国家标准制（修）订计划由哪个部门负责？

答：卫生部根据食品安全国家标准规划及其实施计划和食品安全工作需要制定食品安全国家标准制（修）订计划。

6. 食品安全国家标准草案审查程序包括哪些？

答：食品安全国家标准草案审查程序如下：

（1）秘书处初步审查；

（2）审评委员会专业分委员会会议审查；

（3）审评委员会主任会议审议。

7. 食品安全国家标准制（修）订工作包括哪些环节？

答：食品安全国家标准制（修）订工作包括规划、计划、立项、起草、审查、批准、发布以及修改与复审等。

8. 起草食品安全国家标准的主要依据是什么？

答：起草食品安全国家标准，应当以食品安全风险评估结果和食用农产品质量安全风险评估结果为主要依据，充分考虑我国社会经济发展水平和客观实际的需要，参照相关的国际标准和国际食品安全风险评估结果。

9. 食品安全国家标准规划及其实施计划由什么部门负责？

答：卫生部会同国务院农业行政、质量监督、工商行政管理和国家食品药品监督管理以及国务院商务、工业和信息化等部门制定食品安全国家标准规划及其实施计划。

10. 谁有权提出食品安全国家标准立项建议？

答：任何公民、法人和其他组织都可以提出食品安全国家标准立项建议。

11. 食品安全国家标准评审委员会秘书处对标准草案进行初步审查的内容包括哪些？

答：食品安全国家标准评审委员会秘书处对食品安全国家标准草案进行初步审查的内容，应当包括完整性、规范性、与委托协议书的一致性。

12. 食品安全国家标准审评委员会各专业分委员会如何审查食品安全国家标准？

答：专业分委员会负责对标准科学性、实用性审查。审查标准时，须有 2/3 以上（含 2/3）委员出席。审查采取协商一致的方式。在无法协商一致的情况下，应当在充分讨论的基础上进行表决。参会委员 3/4 以上（含 3/4）同意的，标准通过审查。

13. 什么叫食品卫生标准？

答：食品卫生标准是规定食品卫生质量水平的

规范性文件。基本内容是对各类食品或单项有害物质分别规定了各自的质量和容许量，称为食品卫生质量指标。

14. 食品卫生质量标准包括哪些？

答：食品卫生质量标准主要包括：

（1）感官指标，食用的色、香、型；

（2）细菌及其他生物指标，有食品菌落总数、食品大肠菌群最近似数、各种致病菌；

（3）毒理学指标，即各种化学污染物、食品添加剂、食品产生的有毒化学物质、食品中天然有毒成分、生物性毒素（如霉菌毒素、细菌毒素等）以及污染食品的放射性核素等在食品的容许量；

（4）间接反映食品卫生质量可能发生变化的指标，如粮食、奶粉中的水分含量等；

（5）商品规格质量指标。

15. 什么叫食品安全标准？

答：食品安全标准是为了对食品生产、加工、流通和消费即食品供应链全过程中影响食品安全的各种要素以及全过程环节进行控制和管理，经协商一致制定并由公认机构批准，共同使用的和重复使用的一种规范性文件。

16. 什么叫食品安全标准化？

答：食品安全标准化是运用标准化的“统一、简化、协调、优选”原则，通过对食品生产、加工、流通和消费即“从农田到餐桌”全过程，通过制定标准和实施标准，确保食品安全，促进食品工业的发展，规范市场秩序，指导生产，引导消费，从而取得良好的经济和社会效益，以提高食品产业的竞争力。

17. 食品安全标准有哪些内容？

答：根据《中华人民共和国食品安全法》第二十条规定，食品安全标准应当包括下列内容：

（1）食品相关产品中的致病性微生物、农药残留、兽药残留、重金属、污染物质以及其他危害人体健康物质的限量规定；

（2）食品添加剂的品种、使用范围、用量；

（3）专供婴幼儿和其他特定人群的主辅食品的营养成分要求；

（4）对与食品安全、营养有关的标签、标识、说明书的要求；

（5）食品生产经营过程的卫生要求；

（6）与食品安全有关的质量要求；

（7）食品检验方法与规程；

(8) 其他需要制定为食品安全标准的内容。

18. 食品安全标准如何分类?

答:食品安全标准按照不同分类标准可以分成如下类别:

(1) 按级别。分为国家标准、行业标准、地方标准、企业标准。当标准化对象相同的不同级别的标准并存时,下一级标准的要求应严于上一级标准。

(2) 按性质。国家标准和行业标准按性质可分为强制性标准和推荐性标准两类;强制性国家标准GB,国家推荐性标准GB/T。

(3) 按内容。分为食品工业基础及相关标准、食品卫生标准、食品通用检验方法标准、食品产品质量标准、食品包装材料及容器标准、食品添加剂标准等。

(4) 按形式。分为文字表达的标准文件、实物标准。

(5) 按标准的作用和范围。分为技术标准、管理标准、工作标准。

19. 为什么要由政府标准化行政主管部门负责对食品安全标准的实施进行监督?

答:由政府标准化行政主管部门负责对食品安全标准的实施进行监督的原因如下:

(1) 标准化行政主管部门是政府行使监督的职

能部门；

（2）由标准化行政主管部门依法进行监督，具有客观性、公正性和权威性；

（3）标准化行政主管部门管理标准和熟悉标准，并具有相应的检验手段和检验人员，具备正确行使监督职能的条件；

（4）由标准化行政主管部门依法进行的监督，具有科学性。

20. 无公害食品的标准主要包括哪些？

答：无公害食品标准主要包括无公害食品行业标准和农产品安全质量国家标准，二者同时颁布。无公害食品行业标准由农业部制定，是无公害农产品认证的主要依据；农产品安全质量国家标准由国家质量技术监督检验检疫总局制定。

21. 无公害食品行业标准包括哪些内容？

答：无公害食品行业标准以全程质量控制为核心，主要包括产地环境质量标准、生产技术标准和产品标准三个方面：

（1）无公害食品产地环境质量标准。无公害食品的生产首先受地域环境质量的制约，即只有在生态环境良好的农业生产区域内才能生产出优质、安全的无公害食品。一是强调无公害食品必须产自良好的生态环境地域，以保证无公害食品最终产品的无污染、安全性；二是促进对无公害食品产地环境的保护和改善。

（2）无公害食品生产技术标准。无公害食品生产过程的控制是无公害食品质量控制的关键环节，无公害食品生产技术操作规程按作物种类、畜禽种类等和不同农业区域的生产特性分别制订的，用于指导无公害食品生产活动，规范无公害食品生产，包括农产品种植、畜禽饲养、水产养殖和食品加工等技术操作规程。从事无公害农产品生产的单位或者个人，应当严格按规定使用农业投入品。禁止使用国家禁用、淘汰的农业投入品。

（3）无公害食品产品标准。无公害食品产品标准是衡量无公害食品最终产品质量的指标尺度。它虽然跟普通食品的国家标准一样，规定了食品的外观品质和卫生品质等内容，但其卫生指标不高于国家标准，重点突出了安全指标，安全指标的制订与当前生产实际紧密结合。无公害食品产品标准反映了无公害食品生产、管理和控制的水平，突出了无公害食品无污染、食用安全的特性。

22. 什么是绿色食品标准？

答：绿色食品标准是应用科学技术原理，结合绿色食品生产实践，借鉴国内外相关标准所制定的在绿色食品生产中必须遵守、在绿色食品认证时必须依据的技术性文件。绿色食品标准不是单一的产品标准，而是由一系列标准构成的、非常完善的标准体系。

23. 绿色食品标准包括哪些内容？

答：绿色食品标准主要包括以下四个方面：

（1）绿色食品产地环境标准。分别对绿色食品产地的空气质量、农田灌溉水质量、畜禽养殖用水质量、渔业水质量和土壤环境的质量的各项指标、浓度限值做了明确规定。

（2）绿色食品生产技术标准。包括两部分：一部分是对生产过程中的投入品如农药、肥料、饮料和食品添加剂等生产资料使用方面的规定，另一部分是针对具体种养殖对象的生产技术规程。

（3）绿色食品产品标准。对初级农产品和加工产品分别制定相应的感官、理化和生物学要求，例如前面谈到的蔬菜标准。

（4）绿色食品标志使用、包装及贮运标准。为确保绿色食品产后在包装运输中不受污染，制定了相应的标准。

24. 有机食品标准包括哪些内容？

答：我国有机食品质量标准由产地环境质量标

准、生产技术标准、产品标准、产品包装标准和储藏、运输标准构成。

（1）有机食品产地环境质量标准要求。有机食品初级产品和加工产品主要原料的产地，其生长区域内没有工业企业的直接污染，水域上游和上风口没有污染源对该地区域直接构成污染威胁，从而使产地区域内大气、土壤、水体等生态因子符合有机食品产地生态环境质量标准，并有一套保证措施，确保该区域在今后的生产过程中环境质量不下降。

（2）有机食品生产技术标准。有机食品种植、养殖和食品加工各个环节必须遵循的技术规范。该标准的核心内容是在总结各地作物种植、畜禽饲养、水产养殖和食品加工等生产技术和经验的基础上，按照有机食品生产资料使用准则要求，指导有机食品生产者进行生产和加工活动。

（3）有机食品最终产品标准。必须由定点的食品监测机构依据有机食品产品标准检测合格。有机食品产品标准是以国家标准为基础，参照国际标准和国外先进技术制定的，其突出特点是产品的卫生指标高于国家现行标准。

（4）有机食品产品包装标准。有机食品产品包装标准规定了产品包装必须遵循的原则、包装材料的选择、包装标识内容等要求，目的是防止产品遭受污染，资源过度浪费，并促进产品销售，保护广大消费者的利益，同时有利于树立有机食品产品整体形象。

25. 企业生产的食品没有食品安全国家标准或者地方标准的应当怎么办？

答：企业生产的食品没有食品安全国家标准或者地方标准的，应当制定企业标准，作为组织生产的依据。国家鼓励食品生产企业制定严于食品安全国家标准或者地方标准的企业标准。企业标准应当报省级卫生行政部门备案，在本企业内部适用。

26. 消费者是否有权免费查询食品安全标准？

答：根据《中华人民共和国食品安全法》第二十六条规定，食品安全标准应当供公众免费查阅。

27. 整合完善乳品安全国家标准的目的是什么？

答：为了规范乳品生产经营，保证乳品质量安全，确保消费者健康，根据《食品安全法》、《乳品质量安全监督管理条例》和《奶业整顿和振兴规划纲要》的规定，卫生部牵头会同各相关部门对乳品标准进行整合完善，统一公布为乳品安全国家标准。

28. 乳品安全国家标准对农兽药残留做出了哪些规定？

答：农兽药残留主要来自饲料和养殖环节，目前国际食品法典委员会和相关国家仅在食品原料中设置农兽药残留规定，不在乳制品中设置上述要求。我国参照国际组织和多数国家做法，仅在《生乳》标准中设置农兽药残留规定，具体按照现有农药残留标准和国家有关规定、公告执行。目前农业部正在抓紧完善食品中农兽药残留标准。

29. 液体乳安全标准有何特点？

答：液体乳标准主要对原有标准进行整合，一是明确了液体乳各类产品的分类和定义，如巴氏杀菌乳、灭菌乳、调制乳等；二是限定了液体乳中食品添加剂、营养强化剂的使用品种，使用添加剂的必须进行标示，保护消费者的知情权；三是明确了复原乳的使用，并要求在标签中予以标识；四是蛋白质指标和以往标准一致，同时对微生物限值和检验方法进行改进。

30. 食品生产企业制定的哪些企业标准，应当在组织生产之前向卫生行政部门备案？

答：食品生产企业制定下列企业标准，应当在组织生产之前向省、自治区、直辖市卫生行政部门备案：

（1）没有食品安全国家标准或者地方标准的企业标准；

（2）严于食品安全国家标准或者地方标准的企业标准。

31. 食品企业标准备案时应当提交哪些材料？

答：食品企业标准备案时应当提交下列材料：

（1）企业标准备案登记表；

（2）企业标准文本（一式八份）及电子版；

（3）企业标准编制说明；

（4）省级卫生行政部门规定的其他资料。

32. 食品企业标准编制说明过程中，标准比较适用的原则是什么？

答：食品企业标准编制说明应当详细说明企业标准制定过程和与相关国家标准、地方标准、国际标准、国外标准的比较情况。标准比较适用下列原则：

（1）有国家标准或者地方标准时，与国家标准或者地方标准比较；

（2）没有国家标准和地方标准时，与国际标准比较；

（3）没有国家标准、地方标准、国际标准时，与两个以上国家或者地区的标准比较。

33. 省级卫生行政部门收到企业标准备案材料时应如何处理？

答：省级卫生行政部门收到企业标准备案材料时，应当对提交材料是否齐全等进行核对，并根据下列情况分别作出处理：

（1）企业标准依法不需要备案的，应当即时告知当事人不需备案；

（2）提交的材料不齐全或者不符合规定要求的，应当立即或者在5个工作日内告知当事人补正；

（3）提交的材料齐全，符合规定要求的，受理其备案。

34. 什么情形下，食品企业应当主动对企业标准进行复审？

答：有下列情形之一的，企业应当主动对企业标准进行复审：

（1）有关法律、法规、规章和食品安全国家标准、地方标准发生变化时；

（2）企业生产工艺或者食品原料（包括主料、配料和使用的食品添加剂）及配方发生改变时；

（3）其他应当进行复审的情形。

35. 食品企业标准备案的有效期是多少年？有效期届满后如何处理？

答：企业标准备案有效期为三年。有效期届满需要延续备案的，企业应当对备案的企业标准进行复审，并填写企业标准延续备案表，到原备案的卫生行政部门办理延续备案手续。

36. 省级卫生行政部门在办理备案过程中如何收费？

答：省级卫生行政部门在办理备案过程中不得以任何名义收取费用。

第八章　食物中毒相关知识

1. 什么叫食物中毒？

答：进食被细菌或细菌毒素污染的食物，或进食含有毒性物质（砷、汞、氰化物、有机磷等）的食物，或进食本身具有自然毒素的食物（毒鱼、毒蘑菇等）所引起的急性中毒性疾病，统称为食物中毒。

2. 食物中毒有什么样的特点？

答：食物中毒特点如下：

（1）发病急剧，同餐人员短期内同时发病；

（2）共同表现为恶心、呕吐、腹泻、腹痛，部分人可出现休克、脱水等；

（3）停止进食这种食物后，不会再有新的病人出现，也不会相互传染。

3. 食物中毒分为哪几类？

答：按病源可分为细菌性、化学性、有毒动植物和真菌性（霉菌）食物中毒。

（1）细菌性食物中毒多发于变质或被细菌污染的鱼、肉、蛋、乳等熟食品；

（2）化学性食物中毒多发生于被化学物质污染，如重金属铅、砷、锡、镉以及农药、毒鼠药等中毒；

（3）有毒动植物如河豚鱼、毒蘑菇、木薯、发芽马铃薯等中毒；

（4）真菌（霉菌）性食物中毒常见于被霉菌污染的发霉食品。

4. 什么叫细菌性食物中毒？

答：细菌性食物中毒是由于进食被细菌或细菌毒素所污染的食物而引起的急性感染中毒性疾病。临床上分为胃肠型与神经型。胃肠型临床上主要表现有恶心、呕吐，腹痛、排水样便，可带少量黏液，重者可出现休克，发病率高，病程短，病死率低。神经型主要有肉毒毒素中毒，引起神经系统症状，病死率较高。

5. 细菌性食物中毒常见原因有哪些？

答：细菌性食物中毒常见原因如下：

（1）生熟交叉污染。如熟食品被生的食品原料污染，或被与生的食品原料接触过的表面（如容器、手、操作台等）污染，或接触熟食品的容器、手、操作台被生的食品原料污染。

（2）食品贮存不当。如熟食品被长时间存放在10～60℃之间的温度条件下（在此温度下的存放时间应小于2小时），或易腐原料、半成品食品在不适合温度下长时间贮存。

（3）食品未烧熟煮透。如食品烧制时间不足、烹调前未彻底解冻等原因以及食品加工时中心温度未达到70℃。

（4）从业人员带菌污染食品。从业人员患有传染病或是带菌者，操作时通过手部接触等方式污染食品。

（5）经长时间贮存的食品食用前，未彻底再加热使中心温度达到70℃以上。

（6）进食未经加热处理的生食品。

6. 细菌性食物中毒有什么样的特征？

答：细菌性食物中毒有什么样的特征如下：

（1）通常有明显的季节性，多发生于气候炎热的季节，一般以5—10月份最多。一方面由于较高的气温为细菌繁殖创造了有利条件；另一方面，这一时期人体防御能力有所降低，易感性增高，因而常发生细菌性食物中毒；

（2）引起细菌性食物中毒的食品，主要是动物性食品，如肉、鱼、奶和蛋类等；少数是植物性食品，如余饭、糯米凉糕、面类发酵食品等；

（3）抵抗力降低的人，如病弱者、老人和儿童易发生细菌性食物中毒，发病率较高，急性胃肠炎症较严重，但此类食物中毒病死率较低，愈后良好。

7. 什么叫化学性食物中毒？化学性食物中毒发病有何特点？

答：食入含化学性毒物的食品引起的食物中毒称为化学性食物中毒。化学性食物中毒发病特点是：

（1）发病与进食时间、食用量有关；

（2）发病快、潜伏期短，多在数分钟至数小时；

（3）常有群体性，病人有相同的临床表现；

（4）中毒程度严重、病程长，发病率及死亡率高；

（5）季节性和地区性均不明显，中毒食物无特异性；

（6）剩余食品、呕吐物、血和尿等样品中可以检测出有关化学毒物；

（7）误食混有强毒的化学物质或食入被有毒化学物污染的食物。

8. 化学性食物中毒常见原因有哪些？

答：化学性食物中毒常见原因如下：

（1）作为食品原料的食用农产品在种植、养殖过程或生长环境中，受到化学性有毒有害物质污染。

如蔬菜中农药、猪肝中瘦肉精等。

（2）食品中含有天然有毒物质，食品加工过程未去除。如豆浆未煮透，使其中的胰蛋白酶抑制物未彻底去除；四季豆加工时加热时间不够，使其中的皂素等未完全破坏。

（3）食品在加工过程受到化学性有毒有害物质的污染。如误将亚硝酸盐当作食盐使用。

（4）食用有毒有害食品，如毒蕈、发芽马铃薯、河豚鱼。

9. 什么叫动物性食物中毒？动物性食物中毒有哪几种？

答：食入动物性食品引起的食物中毒即为动物性食物中毒。动物性中毒食品主要有两种：

（1）将天然含有毒成分的动物或动物的某一部分当作食品；

（2）在一定条件下产生了大量的有毒成分的可食的动物性食品。我国发生的动物性食物中毒主要是河豚鱼中毒。

10. 什么叫河豚鱼中毒？

答：河豚鱼中毒是指食用了含有河豚毒素的鱼类引起的食物中毒。河豚鱼中毒主要发生在沿海地区及长江、珠江等河流入口处。河豚鱼有毒成分为河豚毒素，主要存在于河豚鱼的肝、脾、肾、卵巢、皮肤、血液及眼球中，其中以卵巢毒性最大，肝脏次之。每年春季最易发生中毒。

11. 什么叫植物性食物中毒？

答：植物性食物中毒一般因误食有毒植物或有毒的植物种子，或烹调加工方法不当，没有把植物中的有毒物质去掉而引起。最常见的植物性食物中毒有四季豆中毒、毒蘑菇中毒。

12. 发芽的马铃薯中毒的原因是什么？如何预防马铃薯中毒？

答：马铃薯幼芽及芽眼部分含有大量龙葵素（龙葵碱），人食入0.2～0.4克即可引起中毒。中毒初期，先有咽喉抓痒感及烧灼感，其后出现胃肠道症状，剧烈地吐、泻。预防马铃薯中毒可以采取以下措施：

（1）马铃薯应贮藏在低温、无直射阳光的地方，或用沙土埋起来，防止发芽；

（2）不吃发芽或黑绿色皮的马铃薯；

（3）加工发芽马铃薯，应彻底挖去芽、芽眼及芽周部分；

（4）龙葵素遇酸分解，烹调时可加少量食醋。

13. 如何预防四季豆中毒？

答：由于四季豆的含毒成分尚不十分清楚，可能与皂素和植物血凝素有关。中毒者多有进食未烧透的四季豆史。加工四季豆宜炖食，不宜水焯后做凉菜。应彻底加热、炒，充分加热以破坏毒素。

14. 为什么汤圆变红后不能食用？

答：汤圆变红是被酵米面黄杆菌污染的结果，由于该菌能产生毒素，食用后会引起中毒。

15. 如何识别毒蘑菇？

答：消费者识别有毒蘑菇的方法如下：

（1）看颜色。毒蘑菇菌面颜色鲜艳，有红、绿、墨黑、青紫等颜色，特别是紫色的往往有剧毒。

（2）看形状。无毒蘑菇的菌盖较平，伞面平滑，菌面上无轮，下部无菌托。有毒的菌盖中央呈凸状，形状怪异，菌面厚实板硬，菌杆有菌轮，苗托杆细长或粗长，易折断。

（3）看分泌物。将采摘的新鲜野蘑菇撕断菌杆，无毒的分泌物清亮如水（个别为白色），菌面撕断不变色。有毒的分泌物稠浓，呈赤褐色，撕断后在空气中易变色。

（4）测试。用葱在蘑菇盖上擦一下，如果葱变成青褐色，证明有毒，反之则无毒。

（5）煮试。在煮野蘑菇时，放几根灯芯草、些许大蒜或大米同煮，蘑菇煮熟后，灯芯草变成青绿色或紫绿色则说明蘑菇有毒，变黄则无毒。大蒜或大米变色则说明蘑菇有毒，仍保持本色则无毒。

16. 为什么要谨慎食用鲜黄花菜？

答：鲜黄花菜含有秋水仙碱，秋水仙碱本身虽无毒，但经胃肠吸收后，在代谢过程中可被氧化为二秋水仙碱，是一种剧毒物质。成年人如果一次摄入秋水仙碱0.1～0.2毫克，可在0.5～4小时内出现中毒症状。如果一次摄入量达到3毫克以上，就会导致严重中毒，甚至死亡。中毒表现为出现咽干、口渴、恶心、呕吐、腹痛、腹泻等症状，严重者还可出现血便、血尿甚至导致死亡。

17. 如何预防鲜黄花菜中毒？

答：预防鲜黄花菜中毒最好是食用干制黄花菜，若食用鲜黄花菜需注意烹调得当，其方法主要有两种：

（1）浸泡处理法。鲜黄花菜烹调前先用开水焯一下，然后再用清水浸泡2～3小时（中间需换一次水）；

（2）高温处理法。用鲜黄花菜做汤，汤要宽

（水要多），汤开后还要煮沸 10～15 分钟，把菜煮熟、煮透，使其中的秋水仙碱被破坏得充分一些。

发生鲜黄花菜中毒时，可让中毒者喝一些冷的盐开水或葡萄糖溶液、绿豆汤，以稀释毒素并加速排泄；食用鲜黄花菜较多，中毒症状较重者，需马上送医院救治。

18. 蓖麻子中毒原因及症状表现是什么？

答：蓖麻子中毒的原因是因为蓖麻子含有毒成分蓖麻毒素及蓖麻碱。其中蓖麻毒素是一种损害细胞原浆的毒素，可以破坏肝细胞、肾细胞，造成这些实质脏器的损害，并可凝集、溶解红细胞、麻痹呼吸及血管运动中枢。

蓖麻子中毒最初表现为出现恶心、呕吐、腹泻，当毒素已经吸收入体内，很快出现尿少、无尿（肾损害）、血红蛋白尿（溶血）及黄疸（肝损害），以致昏迷、惊厥、血压下降，导致死亡。小儿食生蓖麻子 4～6 颗即可死亡，目前对蓖麻子中毒尚无特效治疗方法。

19. 对于因黄曲霉污染而变色的稻米，用清水洗后还能再吃吗？

答：不能再食用，因为黄曲霉毒素具有很强的毒性。

20. 急性酒精中毒如何治疗?

答：急性酒精中毒可以采取以下方法治疗：

(1) 轻症患者应立即戒酒；

(2) 急性酒精中毒伴恶心、呕吐的患者，应鼓励其吐出胃内容物，以减少乙醇的吸收，能配合者可采用诱导呕吐的方法；

(3) 昏迷的患者不宜采用诱导呕吐的方法，以免发生窒息；

(4) 迅速建立静脉通道，及时补液的同时应用纳洛酮、呋塞米、保护胃黏膜的药物。

21. 生豆浆如何引起中毒?

答：生豆浆中含有一种有毒的胰蛋白酶抑制物，饮用后容易中毒。所以，豆浆一定要彻底煮熟后饮用。需要提醒的是，豆浆加热到一定程度后会出现泡沫，这并不意味着它已经煮熟了，应继续加热几分钟，至泡沫消失才可饮用。

22. 当食用新鲜蔬菜后出现头晕、呕吐等症状，并怀疑为残留农药中毒时该怎么办？

答：可用干净的手指刺激其咽部引起反应，促使中毒者吐出所吃进的蔬菜，以减少吸收残留农药的数量。与此同时，要尽快将患者送当地医院救治，并将摘下来的菜头或菜尾样本保存，供有关部门作检测之用。

23. 容易引起沙门氏菌属细菌性食物中毒的常见食品有哪些？

答：容易引起沙门氏菌属细菌性食物中毒的常见食品有被其污染的肉类、鱼类、蛋类和乳类，其中以肉类占多数。

24. 什么是“米猪肉”？

答：米猪肉就是含有寄生虫幼虫的病猪肉。瘦肉中有呈黄豆样大小不等，乳白色，半透明水泡，像是肉中夹着米粒，故称米猪肉，这种肉对人体健康有极大的危害性。

25. 为什么说生熟食品要分开？

答：各类生食品常被各种因素（细菌、病毒、寄生虫卵）所污染。如果把生食品与熟食品混放在一起，会产生交叉污染，食用被污染的熟食品后容易造成食物中毒。

26. 为什么蔬菜不宜久存？

答：将蔬菜存放数日后再食用是非常危险的，危险来自蔬菜含有的硝酸盐。硝酸盐本身无毒，然而在储藏了一段时间后，由于酶和细菌的作用，硝酸盐被还原成亚硝酸盐，这是一种有毒物质。亚硝酸盐在人体内与蛋白质类物质结合，可生成致癌性的亚硝酸类物质。

27. 如何预防食物中毒？

答：俗话说："病从口入"，预防食物中毒的关键在于把牢饮食关，搞好饮食卫生。养成良好的卫生习惯，勤洗手特别是饭前便后，用除菌香皂、洗手液洗手。

（1）不要随便吃野果，吃水果后不要急于喝饮料特别是水；

（2）剧烈运动后不要急于吃食品、喝水；

（3）不到无证摊点购买油炸、烟熏食品，千万不要去无照经营摊点饭店购买食品或者就餐；

（4）注意挑选和鉴别食物，不要购买和食用有毒的食物，如：河豚鱼、毒蘑菇、发芽土豆等；

（5）烹调食物要彻底加热，做好的熟食要立即食用，贮存熟食的温度要低于7℃，经贮存的熟食品，食前要彻底加热；

（6）避免生食品与熟食品接触，不能用切生食品的刀具、砧板再切熟食品。生、熟食物要分开存放；

（7）避免昆虫、鼠类和其他动物接触食品；

（8）到饭店就餐时要选择有《食品卫生许可证》的餐饮单位，不在无证排档就餐；

（9）不吃毛蚶、泥蚶、魁蚶、炝虾等违禁生食水产品；

（10）不买无商标或无出厂日期、无生产单位、无保质期限等标签的罐头食品和其他包装食品；

（11）按照低温冷藏的要求贮存食物，控制微生物的繁殖；

（12）瓜果、蔬菜生吃时要洗净、消毒；

（13）肉类食物要煮熟，防止外熟内生；

（14）不随意采捕食用不熟悉、不认识的动物、植物（野蘑菇、野果、野菜等）；

（15）不吃腐败变质的食物。

另外，还要谨慎选购包装食品，认真查看包装标识；查看基本标识，厂家厂址、电话、生产日期是否标示清楚、合格；查看市场准入标志（QS）。

28. 如何预防细菌性食物中毒的发生？

答：预防细菌性食物中毒可以从以下三个方面

入手：

（1）要防止细菌污染，注意食品加工各环节的卫生；

（2）食品要低温储藏，控制细菌的繁殖或产毒；

（3）彻底加热，杀灭病原体及破坏毒素。

除此之外，健康的身体状况，对防止细菌，预防食物中毒，也会起到积极的作用。

29. 发生食物中毒该怎么办？

答：一旦发生食物中毒，应保持镇静，根据不同的情况，采取相应的措施。如果仅有胃部不适，可卧床休息并多喝温开水或稀释纳盐水；当饭后出现腹泻、呕吐等可疑食物中毒症状时，应立即去医院就诊，并尽可能保留原有食物和呕吐物，以利于医生对中毒原因进行诊断。如果出现休克症状，口手足发凉、血压下降等，就应立即平卧，双下肢尽量抬高并速请医生进行治疗。

30. 没有熟透的食物可以吃吗？怎么判断食物没有熟透？

答：没熟透的食物不能吃。因为一些未熟透食物可引起食物中毒。是否熟透主要可以从食物的颜色来判断，颜色过于鲜嫩就没熟透。或者取少量食物尝一尝，有生味则需要继续烹煮。

31. 食物中毒者对空气、通风有什么要求?

答：食物中毒者后应该让中毒者处于空气新鲜、通风良好的环境。

32. 如何避免水果蔬菜的农药残留?

答：我们的生活离不开蔬菜和水果，为降低吃入残留农药的水果蔬菜的概率，建议消费者采用以下方法避免水果蔬菜的农药残留：

（1）以水果蔬菜专用清洗配方清洗水果蔬菜；

（2）尽量选购时令盛产的水果蔬菜；

（3）在应该尽量避免在自然灾害或节庆日前后抢购水果蔬菜；

（4）勿偏食某些特定的水果蔬菜；

（5）可选购市面上信誉良好的水果蔬菜加工品（如罐装及腌渍水果蔬菜等）或冷冻蔬菜，因为上述的水果蔬菜于加工过程中（如“杀菁法”）已除去大部分的农药；

（6）外表不平或多细毛的水果蔬菜（如猕猴桃、草莓等）较易沾染农药，因此食用前，可去皮者，一定要去皮，否则，请务必以水果蔬菜清洗配方及清水多冲洗后再食用；

（7）可选购含农药概率较少的水果蔬菜，如具有特殊气味的洋葱、大蒜、九层塔；对病虫害抵抗力较强的龙须菜；需去皮才可食用的马铃薯、甘薯、冬瓜、萝卜，或有套袋的水果蔬菜；

（8）当发现水果蔬菜表面有药斑，或有不正常、刺鼻的化学药剂味道时，表示可能残留农药，应避免选购；

（9）对于连续性采收的农作物（可长期而连续多次采收），如菜豆、豌豆、韭菜花、小黄瓜、芥蓝菜等，需要长期且连续地喷洒农药，消费者应特别加强这些作物的清洗次数及时间，以降低其农药残留量。

33. 清除水果蔬菜上的农药残留的方法有几种？

答：清除水果蔬菜上的农药残留的方法主要有以下几种：

（1）清水浸泡洗涤法。主要用于叶类蔬菜，如菠菜、生菜、小白菜等。一般先用清水冲洗掉表面污物，剔除有可见污渍的部分，然后用清水盖过水果蔬菜部分5厘米左右．流动水浸泡应不少于30分钟。必要时可加入水果蔬菜清洗剂之类的清洗剂，增加农药的溶出。如此清洗浸泡2～3次，基本上可清除绝大部分残留的农药成分。

（2）碱水浸泡清洗法。大多数有机磷类杀虫剂在碱性环境下，可迅速分解。一般在500毫升清水中加入食用碱5～10克配制成碱水，将初步冲洗过的水果蔬菜置入碱水中，根据菜量多少配足碱水，浸泡5～15分钟后用清水冲洗水果蔬菜，重复洗涤3次左右效果更好。

（3）加热烹饪法。常用于芹菜、白菜、青椒，豆角等。氨基甲酸酯类杀虫剂会随着温度升高而加快分解，一般将清洗后的水果蔬菜放置于沸水中2～5分钟后立即捞出，然后用清水洗1～2遍后，即可置于锅中烹饪。

（4）清洗去皮法。对于带皮的水果蔬菜，残留的农药的外表可以用锐器削去皮层，食用肉质部分，这样既可口又安全。

（5）储存保管法。某些农药在存放过程中会随着时间推移缓慢地分解为对人体无害的物质。所以有条件时，应将某些适合于储存保管的果品购回存放一段时间（10～15天），食用前再清洗并去皮，效果会更好。

34. 当食物中毒后出现呕吐时该怎么办？

答：当食物中毒后出现呕吐时，特别是有呕吐、腹泻、舌苔和肢体麻木、运动障碍等食物中毒的典型症状时，要注意：

（1）为防止呕吐物堵塞气道而引起窒息，应侧卧，便于吐出；

（2）呕吐时，不要喝水或吃食物，但在呕吐停止后应尽早补充水分，以避免脱水；

（3）留取呕吐物和大便样本，给医生检查；

（4）如果腹痛剧烈，可采取仰睡的姿势，并将双膝变曲，这样有助于腹肌紧张，缓解腹痛；

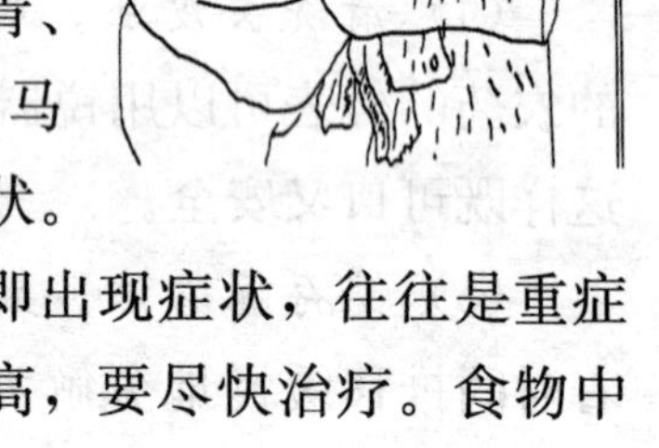

（5）将腹部盖上保暖；

（6）当出现脸色发青、冒冷汗、脉搏虚弱时，要马上送医院，谨防休克症状。

一般来说，进食短时间内即出现症状，往往是重症中毒。小孩和老人敏感性高，要尽快治疗。食物中毒引起中毒性休克，会危及生命。

35. 食物中毒如何自救？

答：当出现食物中毒时，可以采取以下方法开展自救：

（1）想吐的话，就吐出，出现脱水症状时要到医院就医。用塑料袋留好呕吐物或大便，带着去医院检查，有助于诊断。

（2）不要轻易地服用止泻药，以免贻误病情。

（3）催吐。进餐后如出现呕吐、腹泻等食物中毒症状时，可用筷子或手指刺激咽部帮助催吐，排出毒物。也可取食盐 20 克，加开水 200 毫升溶化，冷却后一次喝下，如果不吐，可多喝几次。还可将鲜生姜 100 克捣碎取汁，用 200 毫升温水冲服。如果吃下去的是变质的荤食品，则可服用十滴水来促使迅速呕吐。但因食物中毒导致昏迷的时候，不宜进行人为催吐，否则容易引起窒息。

（4）导泻。如果进餐的时间较长，已超过 2～3 小时，而且精神较好，则可服用些泻药，促使中毒食物和毒素尽快排出体外。可用大黄 30 克煎服，老年患者可选用元明粉 20 克，用开水冲服，即可缓泻。对老年体质较好者，也可采用番泻叶 15 克煎服，或用开水冲服，也能达到导泻的目的。

（5）解毒。如果是吃了变质的鱼、虾、蟹等引起食物中毒，可取食醋 100 毫升，加水 200 毫升，稀释后一次性服下。此外，还可采用紫苏 30 克、生甘草 10 克一次煎服。若是误食了变质的饮料或防腐剂，最好是用鲜牛奶或其他含蛋白的饮料灌服。

（6）卧床休息，饮食要清淡，先食用容易消化的流质或半流质食物，如牛奶、豆浆、米汤、藕粉、糖水煮鸡蛋、蒸鸡蛋羹、馄饨、米粥、面条，避免有刺激性的食物，如咖啡、浓茶等含有咖啡因的食物以及各种辛辣调味品，如葱、姜、蒜、辣椒、胡椒粉、咖喱、芥末等，多饮盐糖水。吐泻腹痛剧烈者暂禁食。

(7) 出现抽搐、痉挛症状时，马上将病人移至周围没有危险物品的地方，并取来筷子，用手帕缠好塞入病人口中，以防止咬破舌头。

(8) 如症状无缓解的迹象，甚至出现失水明显，四肢寒冷，腹痛腹泻加重，极度衰竭，面色苍白，大汗，意识模糊，说胡话或抽搐，以至休克，应立即送医院救治，否则会有生命危险。

36. 为什么冰箱食物也有可能引起中毒？

答：冰箱并不是食品保鲜、储藏的保险柜。许多疾病正是来源于吃了冰箱内不新鲜的或是被污染的食品所致。人们在往冰箱中存放食物时常出现生熟食品的混放现象，以致食品污染或变质，造成食品再污染。

冰箱冷藏室的温度一般在0～5℃左右，这温度对大多数的细菌的繁殖有明显的抑制作用。可是一些嗜冷菌，如大肠杆菌、伤寒杆菌、金黄色葡萄球菌等都依然很活跃。它们的大量繁殖自然会造成食品的变质。所以，食用这样的食物后，会出现恶心、呕吐、腹痛、腹泻、头晕等全身症状。这就是人们所不知道的“电冰箱食物中毒”。

37. 如何防止亚硝酸盐食物中毒？

答：防止亚硝酸盐食物中毒的方法如下：

（1）防止蔬菜腐烂，不吃腐烂的蔬菜，北方冬季的烂大白菜经常中毒；

（2）剩菜在夏季高温下存放长时间后不要食用；

（3）不吃刚腌的菜，7～8 天亚硝酸盐含有最高，15 天以上再食用；

（4）现泡的菜，要马上吃，不能存放过久；

（5）不在短时间内吃大量叶菜；

（6）少吃内肠肉制品，如香肠等；

（7）防止错把亚硝酸盐当食盐或碱面用。

38. 甘蔗发红了能不能食用？

答：甘蔗梗经过较长时间的贮藏，部分甘蔗梗内部会发生肉质发红的现象，对这种发红的甘蔗梗切不要食用，人食用过多发红甘蔗会发生中毒的。因为甘蔗梗发红是因为甘蔗梗在贮藏过程中发生了发酵现象或发生了赤腐病、稍腐病等病害。在发酵或发生病害过程中往往产生了多种霉素，人们食用了这种毒素后会产生头晕、呕吐等中毒病症，严重危害人们身体健康，所以不要食用已经发红的甘蔗梗。

39. 为什么说报纸包食品有碍健康？

答：有些人时常用废报纸包装食品，这种做法是有害人体健康的。因为废报纸的油墨中含有多氯联苯。多氯联苯毒性很强，化学结构与滴滴涕差不多，不溶于水，也不被氧化。一旦进入人体，极易被脂肪、脑、肝吸收和贮存，很难排出体外。当贮存量达到0.1～1克时人就会中毒发病。同时，这些废报纸上还含有大肠杆菌和铅、砷等有毒物质。因此，直接入口的食品应有小包装或无毒、清洁的包装材料。平时购买熟食、卤味也不要再用旧书报纸包装食物，以免给自己的健康带来危害。

40. 用洗衣粉刷洗餐具、瓜果有什么害处？

答：洗衣粉是人们生活中的必需品，去污能力强。不仅用来洗衣服，而且有不少人用来洗涤餐具及瓜果，那么洗衣粉洗餐具、瓜果对人体有无害处呢？目前，市场上出售的洗衣粉的基本成分是烷基苯磺酸钠。这是以石油为原料，经过一系列有机合成制造出来的。动物的慢性毒性实验表明，烷基苯磺酸钠属于中等毒性物质，导致动物出现腹泻、体重减轻、不活泼、脾脏缩小等症状。同时，可使下一代出现无脑等严重畸形。由于洗衣粉黏附在瓜果及餐具表面上，很难冲洗掉，所以，为了身体健康，不应用洗衣粉洗瓜果及餐具。

41. 有些人喝牛奶会腹泻是怎么回事？

答：牛奶是营养食品的首选，可有些人喝牛奶后，会出现肠鸣、腹痛甚至腹泻等现象，这主要是由于牛奶中含有乳糖。而乳糖在体内分解代谢需要有乳糖酶的参与，有些人因体内缺乏乳糖酶，使乳糖无法在肠道消化，从而造成肠鸣、腹痛甚至腹泻等，在医学上称之为“乳糖不耐症”。乳糖酶缺乏一般来讲与遗传因素和早期断奶的饮食习惯有关。

42. 县级以上地方人民政府卫生行政部门对发生在管辖范围内的哪些食物中毒或者疑似食物中毒事故需要实施紧急报告制度？

答：县级以上地方人民政府卫生行政部门对发生在管辖范围内的下列食物中毒或者疑似食物中毒事故，实施紧急报告制度：

（1）中毒人数超过 30 人的，当于 6 小时内报告同级人民政府和上级人民政府卫生行政部门；

（2）中毒人数超过 100 人或者死亡 1 人以上的，应当于 6 小时内上报卫生部，并同时报告同级人民政府和上级人民政府卫生行政部门；

（3）中毒事故发生在学校、地区性或者全国性重要活动期间的应当于6小时内上报卫生部，并同时报告同级人民政府和上级人民政府卫生行政部门；

（4）其他需要实施紧急报告制度的食物中毒事故。

任何单位和个人不得干涉食物中毒或者疑似食物中毒事故的报告。

43. 对食物中毒或者疑似食物中毒事故隐瞒、谎报、拖延、阻挠的单位和个人如何处理？

答：对食物中毒或者疑似食物中毒事故隐瞒、谎报、拖延、阻挠报告的单位和个人，由县级以上人民政府卫生行政部门责令改正，并可以通报批评。对直接负责的主管人员和其他直接责任人员由卫生行政部门和其他有关部门依法给予行政处分。

附　录

食物相克诗

猪肉菱角若共食，肚子疼痛不好受。猪肉豆类不同食，引起腹胀和气滞。

猪肝若与菜花遇，降低人身吸收力。牛肉栗子一起吃，食后就会发呕吐。

羊肉滋补大有用，若遇西瓜定相侵。羊肉南瓜若同食，胸闷腹胀时不迟。

狗肉滋补需注意，若遇绿豆定伤身。狗肉切记吃大蒜，同食刺激胃黏膜。

鸡蛋糖精更相克，同食中毒更伤身。鸡蛋若遇消炎片，同室操戈两相争。

鸡肉芹菜也相忌，同食就会伤元气。鸡肉严禁拌芥末，同食会大伤元气。

兔肉芹菜本不合，同食之后头发脱。兔肉橘子同食好，导致腹泻不得了。

鹅肉鸡蛋不同窝，一同入胃伤身体。河虾番茄营养高，食物中毒吃不消。

鲤鱼甘草性相反，同时食之定伤身。鲤鱼咸菜不同食，导致癌症不等时。

螃蟹茄子不同食，损伤肠胃后悔迟。螃蟹金瓜不见面，损伤肠胃易常犯。

柿子螃蟹也相背，同食之后会腹泻。柿子白酒更不合，食后使你心发闷。

柿子红薯若同吃，体内结石易形成。橘子不要会柠檬，消化道溃疡穿孔。

香蕉芋头本不合，同时入胃腹胀痛。香蕉相克马铃薯，同食面部要起斑。

哈密瓜要忌香蕉，关节肾衰吃不消。山楂海鲜犯大忌，引起腹痛与便秘。

黄瓜番茄营养高，一起食用胃不消。黄瓜生熟都可以，进食之际忌花生。

黄瓜辣椒不同食，破坏体内维生素。黄瓜与芹菜同食，会破坏维生素 C。

韭菜与酒不同食，易引起肠胃疾病。大葱大枣犯忌多，同食脾胃易不和。

萝卜木耳不同食，食了容易生皮炎。白萝卜橘子同食，诱发甲状腺肿病。

萝卜水果更相背，甲状腺肿会诱发。胡萝卜与醋同食，会破坏胡萝卜素。

胡白萝卜营养好，得败血症不得了。胡萝卜辣椒同食，破坏营养不偿失。

豆腐蜂蜜不同吃，导致腹泻耳聋迟。豆浆营养人人知，来冲鸡蛋营养失。

菠菜豆腐色鲜美，钙酸凝结实不宜。洋葱蜂蜜也不合，同食就会伤眼睛。

花生黄瓜不同食，导致腹泻不定时。荞麦与羊肉同食，热寒相反不适宜。

汽水要忌辛辣物，胃炎胃疼会加重。咖啡白酒不同饮，会严重损伤大脑。

牛奶与红糖同饮，影响蛋白质吸收。牛奶与莲子同食，加重便秘不相宜。

白酒不与茶同食，易造成肾脏损坏。白酒不要掺啤酒，刺激心肝肾胃肠。

啤酒禁食熏烤菜，同食致癌来得快。